人居环境科学丛书

国家自然科学基金青年基金（51508298）资助

贵州贫困地区
县域人居环境建设研究

Research on Human Settlements Construction of
Counties in Guizhou Poverty Areas

周政旭 著

中国建筑工业出版社

图书在版编目（CIP）数据

贵州贫困地区县域人居环境建设研究 ／ 周政旭著.
— 北京：中国建筑工业出版社，2016.2
（人居环境科学丛书）
ISBN 978-7-112-18866-6

Ⅰ.①贵… Ⅱ.①周… Ⅲ.①贫困区-县-居住环境
-建设-研究-贵州省 Ⅳ.①X21

中国版本图书馆CIP数据核字（2015）第306687号

责任编辑：张 明 徐晓飞
责任设计：李志立
责任校对：刘 钰 王 烨

人居环境科学丛书

贵州贫困地区县域人居环境建设研究

Research on Human Settlements Construction of Counties in Guizhou Poverty Areas

周政旭 著
*
中国建筑工业出版社出版、发行（北京海淀三里河路9号）
各地新华书店、建筑书店经销
北京嘉泰利德公司制版
北京中科印刷有限公司印刷
*
开本：787×1092毫米 1/16 印张：14¾ 字数：277千字
2019年6月第一版 2019年6月第一次印刷
定价：**58.00**元
ISBN 978-7-112-18866-6
（28041）

"人居环境科学丛书"缘起

18世纪中叶以来，随着工业革命的推进，世界城市化发展逐步加快，同时城市问题也日益加剧。人们在积极寻求对策不断探索的过程中，在不同学科的基础上，逐渐形成和发展了一些近现代的城市规划理论。其中，以建筑学、经济学、社会学、地理学等为基础的有关理论发展最快，就其学术本身来说，它们都言之成理，持之有故，然而，实际效果证明，仍存在着一定的专业的局限，难以全然适应发展需要，切实地解决问题。

在此情况下，近半个世纪以来，由于系统论、控制论、协同论的建立，交叉学科、边缘学科的发展，不少学者对扩大城市研究作了种种探索。其中希腊建筑师道萨迪亚斯（C. A. Doxiadis）所提出的"人类聚居学"（EKISTICS：The Science of Human Settlements）就是一个突出的例子。道氏强调把包括乡村、城镇、城市等在内的所有人类住区作为一个整体，从人类住区的"元素"（自然、人、社会、房屋、网络）进行广义的系统的研究，展扩了研究的领域，他本人的学术活动在20世纪60～70年代期间曾一度颇为活跃。系统研究区域和城市发展的学术思想，在道氏和其他众多先驱的倡导下，在国际社会取得了越来越大的影响，深入到了人类聚居环境的方方面面。

近年来，中国城市化也进入了加速阶段，取得了极大的成就，同时在城市发展过程中也出现了种种错综复杂的问题。作为科学工作者，我们迫切地感到城乡建筑工作者在这方面的学术储备还不够，现有的建筑和城市规划科学对实践中的许多问题缺乏确切、完整的对策。目前，尽管投入轰轰烈烈的城镇建设的专业众多，但是它们缺乏共同认可的专业指导思想和协同努力的目标，因而迫切需要发展新的学术概念，对一系列聚居、社会和环境问题作进一步的综合论证和整体思考，以适应时代发展的需要。

为此，十多年前我在"人类居住"概念的启发下，写成了"广义建筑学"，嗣后仍在继续进行探索。1993年8月利用中科院技术科学部学部大会要我作学术报告的机会，我特邀约周干峙、林志群同志一起分析了当前建筑业的形势和问题，第一次正式提出要建立"人居环境科学"（见吴良镛、周干峙、林志群著《中国建设事业的今天和明天》，中国城市出版社，1994）。人居环境科学针对城乡建设中的实际问题，尝试建立一种以人与自然的协调为中心、以居住环境为研究对象的新的学科群。

建立人居环境科学还有重要的社会意义。过去，城乡之间在经济上相互依赖，现在更主要的则是在生态上互相保护，城市的"肺"已不再是公园，而是城乡之间广阔的生态绿地，在巨型城市形态中，要保护好生态绿地空间。有位外国学者从事长江三角洲规划，把上海到苏锡常之间全都规划成城市，不留生态绿地空间，显然行不通。在过去渐进发展的情况下，许多问题慢慢暴露，尚可逐步调整，现在发展速度太快，在全球化、跨国资本的影响下，政府的行政职能可以驾驭的范围与程度相对减弱，稍稍不慎，都有可能带来大的"规划灾难"（planning disasters）。因此，我觉得要把城市规划提到环境保护的高度，这与自然科学和环境工程上的环境保护是一致的，但城市规划以人为中心，或称之为人居环境，这比环保工程复杂多了。现在隐藏的问题很多，不保护好生存环境，就可能导致生存危机，甚至社会危机，国外有很多这样的例子。从这个角度看，城市规划是具体地也是整体地落实可持续发展国策、环保国策的重要途径。可持续发展作为世界发展的主题，也是我们最大的问题，似乎显得很抽象，但如果从城市规划的角度深入地认识，就很具体，我们的工作也就有生命力。"凡事预则立，不预则废"，这个问题如果被真正认识了，规划的发展将是很快的。在我国意识到环境问题，发展环保事业并不是很久的事，城市规划亦当如此，如果被普遍认识了，找到合适的途径，问题的解决就快了。

对此，社会与学术界作出了积极的反应，如在国家自然科学基金资助与支持下，推动某些高等建筑规划院校召开了四次全国性的学术会议，讨论人居环境科学问题；清华大学于1995年11月正式成立"人居环境研究中心"，1999年开设"人居环境科学概论"课程，有些高校也开设此类课程等等，人居环境科学的建设工作正在陆续推进之中。

当然，"人居环境科学"尚处于始创阶段，我们仍在吸取有关学科的思想，努力尝试总结国内外经验教训，结合实际走自己的路。通过几年在实践中的探索，可以说以下几点逐步明确：

（1）人居环境科学是一个开放的学科体系，是围绕城乡发展诸多问题进行研究的学科群，因此我们称之为"人居环境科学"（The Sciences of Human Settlements，英文的科学用多数而不用单数，这是指在一定时期内尚难形成为单一学科），而不是"人居环境学"（我早期发表的文章中曾用此名称）。

（2）在研究方法上进行融贯的综合研究，即先从中国建设的实际出发，以问题为中心，主动地从所涉及的主要的相关学科中吸取智慧，有意识地寻找城乡人居环境发展的新范式（paradigm)，不断地推进学科的发展。

（3）正因为人居环境科学是一开放的体系，对这样一个浩大的工程，我们工作重点放在运用人居环境科学的基本观念，根据实际情况和要解决的实际问题，做一些专题性的探讨，同时兼顾对基本理论、基础性工作与学术框架的探索，两者同时并举，相互促进。丛书的编著，也是成熟一本出版一本，目前尚不成系列，但希望能及早做到这一点。

希望并欢迎有更多的从事人居环境科学的开拓工作，有更多的著作列入该丛书的出版。

1998 年 4 月 28 日

内容提要

在我国城乡发展不均衡与地区发展不均衡的大背景下，欠发达地区农村的贫困问题愈发凸显。贫困问题解决与否，已成为 2020 年能否实现"全面建成小康社会"目标的关键之一。本书以贵州为研究对象，贵州是全国贫困人口最多、贫困面最广、贫困程度最深的省份。研究以县域为基本单元，县域是农村地区覆盖面最广、联系最为直接、统筹城乡最有基础的基层行政单元，同时也是贫困主要集中的区域。

本书以人居环境为理论基础。人居环境科学以有序空间与宜居环境的实现为目标，研究包括乡村、集镇、城市、区域等在内的人类聚落及其环境的相互关系与发展规律。人居环境的不协调是贫困产生的重要基础条件，通过对人居环境进行建设，能够有效地消减贫困。本书在理论梳理与借鉴相应经验的基础上，针对贫困地区、从县域层面对人居环境科学加以丰富和发展，尝试构建贵州贫困地区县域人居环境理论的基本框架。提出贵州贫困地区县域人居环境的五大系统与主要目标，并且提炼人居环境在不同的贫困程度下具有的阶段性特点。

通过理论演绎与案例总结，笔者认为贵州县域人居环境存在四大关键问题：（1）人地关系紧张；（2）城镇及产业支撑薄弱；（3）基础设施条件支撑不足；（4）地方文化与地方特色不断被破坏。并以此构建了贫困产生机制。

随后，本书通过贵州 75 个县（县级市、特区）的数据与调研资料进行实证，发现：（1）贵州的贫困大部发生于县域，且有逐渐集中的趋向；（2）大部分县域人居环境状况与贫困程度相对应；（3）县域人居环境的多个空间因素对贫困产生显著影响，县域人居环境与贫困状况具有明确的关联性。通过定性与定量数据，在实证上验证了前述理论。

最后，本书在前述分析阐明的关键问题的基础上，以构建有序空间与宜居环境、消减贵州县域贫困现象为总体目标，提出县域人居环境建设的六条对策：（1）明确县为治理单元，推进县域治理；（2）推进县域城镇化，优化县域人地分布；（3）构建"核心＋网络＋腹地"的县域整体空间发展格局；（4）补齐公共服务短板，结合交通网络构建县域"最小生活圈"；（5）传承地方文化、发扬地方特色、走特色发展之路；（6）进行配套改革，完善治理机制。

Abstract

Under the context of unbalanced urban-rural development and regional development in China, the poverty issue in under-developed rural areas is becoming more and more prominent. The poverty issue to be solved or not, has become the key to achieve the great goal of "completing the building of a moderately prosperous society in all respects" in 2020. The book chooses Guizhou Province as the study area, as it is the poorest province among the whole country. The study is based on the county level, since the county is the basic administrative unit in rural areas that has the most extensive coverage, the most direct relation, the most basic urban-rural coordination, and the most concentrated poor population.

The book is theoretically based on the Sciences of Human Settlements. The Sciences of Human Settlements is the sciences to achieve the goal of orderly space and livable environment, and to study the interrelationship and the law of development of human settlements and its environment within villages, towns, cities, and regions. The incongruity of human settlements is an important fundamental condition for poverty. Poverty can be effectively reduced through the management of human settlements. On the basis of theory study and experience reference, the book theoretically outlines the theory of human settlements in under-developed counties in Guizhou, and put forward that human settlements has different kinds of characteristics under different level of poverty.

Through the case study, the book summarizes the four key issues on human settlements in counties in Guizhou as follows: (1) tight relationship between human and land; (2) weak urban and industrial support; (3) under-supported infrastructure conditions; (4) continually destroyed local culture and local characteristics.

Subsequently, through the empirical investigation of data and survey materials from 75 counties (county-level cities, and special administration zones) in Guizhou, the book finds that (1) poverty mainly occurs in counties and has a trend of gradual concentration; (2) the situation of human settlements in most counties corresponds with the level of poverty; (3) the generation of poverty has a close association with human settlements, and these findings verify the aforementioned theory.

Finally, on the basis of analysis of current policies and measures on reducing poverty in Guizhou, the book put forward five strategies including (1) define counties as the local governance unit, advance county governance; (2) promote urbanization of counties, and optimize the distribution of man and land within the county; (3) build a comprehensive development pattern for county space, described as "core+network+hinterland"; (4) make up imperfect public services, and build "the smallest living cycle" within the county combined with traffic network; (5) inherit local culture, develop local characteristics, and follow a distinctive development road; (6) boost the reform of supporting mechanism, and improve administrative mechanism.

目　录

第1章

——

绪论

1.1 研究背景

党的十八大明确提出在 2020 年实现全面建成小康社会的宏伟目标。加快欠发达地区尤其是欠发达地区的农村发展，促进贫困人口脱贫致富是实现这一目标的关键。当前，发展方式转变与共享"中国梦"的提出，城镇化与工业化的快速发展，为贫困治理提供了历史性的机遇。

1.1.1 严重的城乡发展不平衡与地区发展不平衡

（1）城乡发展不平衡

近年，政府对"三农"问题一直十分重视，取得了不小成绩，但是，由于长时期对农政策的不重视、过多地从农村汲取资源，我国城乡发展仍然存在较大的不平衡，城乡差距巨大。以城乡居民收入计，自 20 世纪 80 年代中期之后呈不断扩大趋势，人均收入的城乡比由不足 2 上升到 2009 年的 3.3，尽管最近两年呈下降趋势，但 2011 年这一比例仍然为 3.1（图 1-1）；以城乡居民消费计，比例由当时的约 2.2 上升到 2009 年的 3.7；全社会固定资产投资的城乡比也由当时的 2.5 左右上升至 2009 年的 6.3[①]。

图 1-1 我国城市与农村人均收入比例（1978-2011 年）
数据来源：历年中国统计年鉴

———————————

① 数据来源：历年中国统计年鉴等。

与此同时，在广大农村地区，土地、生态、劳动力转化、公共服务等方面的诸多问题凸显，统筹城乡发展的需求愈加强烈。

第一，耕地压力巨大，城镇化过程中土地浪费严重。土地资源，尤其是耕地资源作为基础自然资源，是人民赖以为生的基础，关乎整个国家的粮食安全。我国的耕地资源本来就十分缺乏，有限的耕地面临越来越大的城镇化压力与人口压力，保持总耕地面积大于 18 亿亩的压力巨大。但与此形成鲜明对比的是，城镇化过程中的土地浪费现象严重。宝贵的耕地资源毁坏了极难恢复，一旦毁坏，造成的后果极其严重且深远。

第二，生态环境问题突出。"天地之生殖资民之用"[①]，自然环境是人赖以生存发展的基础，中国的广大农村地区，因其与自然生态系统的紧密联系，更应该以良好可持续的生态、优美自然的环境成为整个国土的"生态屏障"与"自然环境基底"。但是，农村生态环境问题近些年却日益突出，形势十分严峻，"城市污染向农村转移有加速趋势，农村生态退化尚未有效遏制。"（中华人民共和国环境保护部，2010）

第三，农业剩余劳动力转移就业与社会保障仍面临难题。按"十二五"规划纲要中我国每年提高城镇化率 0.8 个百分点计算，每年有超过 1000 万的农村剩余人口进入城镇。在转移的两大主要途径中，向大中城市大规模转移的途径面临承载难题与制度障碍，我国部分大城市，由于人口的过度集中，其资源承载力、社会承载力已经到达极限，吸纳能力有限，并且受经济环境影响巨大。大中城市还因为制度障碍，难以提供相应的公共服务与社会保障，进城农民工中的"至少1/4 的人口没有充分享受到这个城市政府本来应该提供给他的公共服务和社会保障[②]"。而转移的另一主要途径，小城镇，尤其是欠发达地区的小城镇吸引力还有待提高。

第四，农村聚落的消失与"空心化"正在改变农村的空间形态。集镇、村落等是农村地区居住与生产生活的场所，也是保持农业稳定的支点、延续农村文化的依托。但近年受城镇化与工业化的影响，使得农村聚落本身出现了很多变化。较为偏远、落后的地区的聚落发生"空心化"转变，接近城镇的大量聚落因城镇扩张而消失……这些现象在农村基层正剧烈地改变着聚落面貌。据相关调研，我国每天消失的村落数量竟然达到 80~100 个，而在过去的 10 年，我国消失的自然村落总数达到了 90 万个[③]。

---

① 《管子·五行》
② 陈锡文在"十二五"城镇化高层论坛上的发言。中国经济网，http://district.ce.cn/zg/201103/29/t20110329_22334152.shtml，[2011-03-29]
③ 原标题：《冯骥才：中国每天消失近百个村落　速度令人咋舌》（来源：中新网，http://www.chinanews.com/cul/2012/10-21/4263582.shtml，2012-10-21）

第五，农村地区公共服务水平远低于城市水平。农村基础设施投入远远不足。据住房和城乡建设部的数据，以人均市政公用设施投入计，县城的人均投入仅是城市（城区）的 37.6%，农村地区更是只有城市（城区）的 8.3%。以建成区地均市政公用设施来计算，情况也同样严峻，县城是城市（城区）的 31.6%，对于农村，假设所有的市政公用设施全投入于乡、镇、农场的建成区，其地均市政公用设施投入仅占城市（城区）的 19.4%。市政公共设施如此，其他如教育、卫生、保障等社会性服务事业，城乡不均等情况也十分突出（图 1-2、图 1-3）。

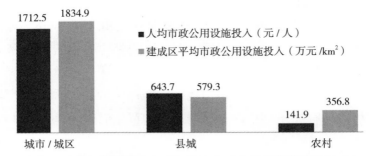

图 1-2　城市、县城、农村地区人均与地均市政公共设施投入比较（2007 年）
来源：笔者根据住房和城乡建设部（2008 年）数据处理绘制

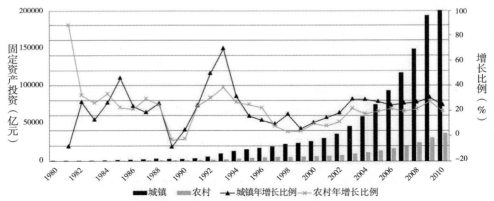

图 1-3　城镇与农村固定资产投资增长情况（1980-2010 年）
数据来源：《中国统计年鉴 2011》

第六，农村文化面临消亡的危险。我国几千年的以农耕活动为主体的社会，为农村积淀下了极其丰富的文化。优秀的农村文化在促进农业生产、维护农村稳定、凝聚社会认同、维系良好社会生态等方面起着至关重要的作用，是中华文化的重要组成部分，某种程度上甚至是中华文化的"根"。但近年农村文化广泛受到工业文明的强势冲击，体现在居住环境、聚落风貌、民间节日、民俗活动等物质层面的巨大改变；传统乡间伦理价值、道德评判等精神层面的解体等方面；而教育资源向城镇的集中以及农村人才的不断流向城镇，更是从根本上消解着农村地区文化传承与发展的基础。

（2）地区发展不平衡

地区发展不平衡"是世界各国（尤其是大国）经济发展过程中的重要现象"，"是中国国情的基本特征之一"（胡鞍钢等，1995）。我国幅员广阔，各地区间自然资源禀赋差异很大，经历的发展历程也有很大不同，东中西部农村地区在城镇化率、农民人均收入、基础设施覆盖情况、农民就业情况等各方面均呈现出很大的差异性。据英国《经济学人》的一项研究，将我国各省区的人均 GDP 以购买力评价与世界各国相比较，各省区已经明显分为 4 个等级，第一等级的北、上、港、澳四城市已经达到中等发达国家的水平，而西部云南、贵州、甘肃、西藏等省、自治区则远远低于东中部地区，在世界范围内也位于后列。

早在 20 世纪 80 年代，就有学者注意到了区域之间的差距不断扩大。如王小强等（1986）以少数民族聚居的"五区三省"[①]为对象进行调查研究，发现改革开放之后此 8 省区的发展速度被东部地区远远抛在身后。胡鞍钢等（1995）在 20 世纪 90 年代的研究也揭示了同样的趋势，即东部、中部、西部之间的差距越来越大。

进入 21 世纪，国家提出"西部大开发"战略，旨在加快西部欠发达地区发展，缩小区域差距，取得一定成效。但由于历史形成的差距较大，区域间发展不平衡现象仍十分严重。

如以近几年农民人均纯收入度量，尽管西部地区增速一般高于东部，但由于基础较差，西部地区的农民人均纯收入仍只相当于东部地区的一半左右，并且由于发展水平不同，这一差距的绝对值仍在不断扩大之中（图 1-4）。

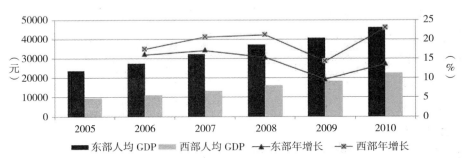

图 1-4　东、西部农村居民人均纯收入情况比较（2005–2010 年）
数据来源：《中国统计年鉴（2006-2011）》

以江苏为东部发达地区的代表、以贵州为西部欠发达地区的代表，两省的人均地区生产总值比值在 20 世纪 50 年代仅为 1.5 左右，后不断增加，尤其是 1990 年后两省人均地区生产总值差距急剧扩大，到 21 世纪初达到了惊人的 4.7，后由于国家西部大开发等战略的实施，这一比例才略有下降，但 2011 年仍为 3.8，

---

① "五区三省"指设立的 5 个民族自治区：内蒙古自治区、宁夏回族自治区、新疆维吾尔自治区、西藏自治区、广西壮族自治区，以及西部 3 个少数民族人口较多的省份：云南省、贵州省、青海省。

差距仍然十分巨大。两省的农民人均纯收入差距在过去的大部分时间里也不断呈加大趋势，尽管在过去几年有所下降，但2011年两省的农民人均纯收入比值仍为2.6（图1-5）。

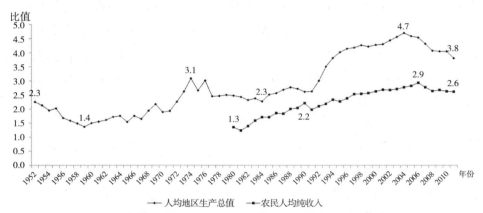

图1-5　江苏贵州两省人均地区生产总值与农民人均纯收入比值
数据来源：历年中国统计年鉴

1.1.2　"全面建成小康社会"宏伟目标

　　自20世纪70年代末提出建设小康社会的战略构想以来，我国一直以此为目标不懈奋斗。2012年，党的十八大明确提出："确保到2020年实现全面建成小康社会宏伟目标"，这标志着我国进入全面建成小康社会决定性阶段。要完成这一战略目标，推动欠发达地区的贫困治理是首要任务，也是最为艰巨的任务之一。习近平同志2012年末在河北省阜平县调研时曾说："全面建成小康社会，最艰巨最繁重的任务在农村，特别是在贫困地区"，"没有农村的小康，特别是没有贫困地区的小康，就没有全面建成小康社会。"[1] 欠发达地区的贫困治理问题，已经成为我国全面建成小康社会战略目标的最难啃，同时也是必须啃下的"硬骨头"。

　　贫困问题是困扰全球的3P（Pollution，Population，Poverty，即污染、人口、贫困）问题之一，受到全球政府与人民的共同关注。中国作为全球最大的发展中国家，尽管在前些年做了大量卓有成效的工作，但仍然具有巨大的贫困人口数量。世界银行2009年发布一份旨在"评估中国贫困和不平等问题"的报告——《从贫困地区到贫困人群：中国扶贫议程的演进》，报告称中国仍然存在大量的贫困人口，尤其在农村地区，更有比贫困人口数量多一倍的脆弱人群容易再次陷入贫困。按照2011年中国官方划定的2300元人民币的贫困标准，我国处于贫困线下的人口仍有1.22亿人。

---

① 来源：习近平在河北慰问困难群众并考察扶贫开发工作．中央政府门户网站，http://www.gov.cn/ldhd/2012-12/30/content_2302221.htm，2012-12-30

我国贫困人口的分布表现出集中于中西部欠发达地区与集中于农村两大特点，而这两大特点正与前述城乡发展、地区发展不平衡相对应，是两大发展不平衡的突出表现。按 2011 年农民人均纯收入 2300 元的标准，贵州省贫困人口1149 万，贫困发生率为 33.4%[①]，贫困人口占全国贫困人口总数的 9.4%；四川省贫困人口 1356 万，贫困发生率约为 17%[②]；宁夏回族自治区贫困人口约 101.5 万，贫困发生率约为 25.6%[③]。都远远高于国家平均水平。欠发达地区起步较晚、发展相对滞后，已经构成了对中国经济发展、社会稳定和民族团结的挑战之一，引起了政府与社会共同关注与忧虑。

1.1.3 转变发展方式与共享"中国梦"

2003 年，中国共产党十六届三中全会提出"坚持以人为本，全面、协调、可持续的发展观"，形成了在"统筹城乡发展、统筹区域发展、统筹经济社会发展、统筹人与自然和谐发展、统筹国内发展和对外开放"要求下统领社会经济发展的方法论。2012 年，党的十八大进一步提出"经济建设、政治建设、社会建设、文化建设、生态文明建设"五位一体总体布局的要求。

党的十八大报告指出："坚持把国家基础设施建设和社会事业发展重点放在农村，深入推进新农村建设和扶贫开发，全面改善农村生产生活条件。""加快完善城乡发展一体化体制机制，着力在城乡规划、基础设施、公共服务等方面推进一体化，促进城乡要素平等交换和公共资源均衡配置，形成以工促农、以城带乡、工农互惠、城乡一体的新型工农、城乡关系。"

十二届全国人大一次会议提出全民共享中国梦的理念，要使更多的人"学有所教、劳有所得、病有所医、老有所养、住有所居"，要使"发展成果更多更公平地惠及全体人民"，"朝着共同富裕方向稳步前进"。

1.1.4 快速城镇化进程带来的机遇与挑战

当前，我国正处于城镇化与工业化高速发展阶段。城镇化、工业化为农村的发展和贫困人口的减少提供了重要的解决途径。十八大报告提出"推动城乡发展一体化。解决好农业农村农民问题是全党工作重中之重，城乡发展一体化是解决'三农'问题的根本途径。"李克强总理也指出："保发展要靠扩内需，而城镇化蕴藏着最为深厚的内需潜力，也会带来经济社会结构的深刻调整。"[④] 城镇化

[①] 来源：《贵州统计年鉴 2012》
[②] 来源：四川省人民政府网站，http://www.sc.gov.cn/10462/10464/10927/10928/2012/3/14/10202744.shtml
[③] 来源：新华网，http://news.xinhuanet.com/fortune/2012-01-31/c_111474820.htm
[④] 来源：李克强在"十二五"重点专项规划专家咨询座谈会的发言。详见新华网，"李克强：以调整结构促稳定增长，以改革创新增强发展活力"，http://news.xinhuanet.com，2012-01-06

在促进产业发展、吸纳农村剩余劳动力、提高全民生产生活水平等方面正在发挥越来越重要的作用。

但是，整体而言，城镇化进程中缺乏以农村为出发点的思考，在实际推行过程中存在诸多的实施偏差，导致制度设计的结果并未完全实现。"从城乡关系看，传统的单纯的城市化路径通常作为某种外在的力量强加给乡村，把乡村作为城市化的资源供给地，将各种有价值的资源，从物产、资金、土地到劳动力，剥夺、抽离乡村，城市的扩张以乡村的衰落乃至死亡为代价。农村在压力下破败，贫苦的农民进入城市充当农民工。这条单纯的城镇化道路不可避免地造成城乡分裂、城荣乡枯的后果"（吴良镛，2009）。

城镇与农村作为两头，被城镇化紧紧地联系起来。它们作为居住、生产、生活的两种不同方式，共同构成了我们今天的整个社会生活与人居空间，在城镇化的过程中应当形成良性互动的关系。农村与城镇作为城镇化的"两头"，理应受到相应的重视。但当前情况，城镇化更多关注城镇，而忽略农村。目前城与乡在城镇化间的关系并未完全理顺，我们对城镇化的研究一直处于"从城市出发的观点"，以城镇论城镇化，主要关注作为"成果"的城镇这一头。而对于以农村视点来观察的城镇化研究长期处于薄弱甚至缺失的状态。农村的治理，其在城镇化进程中发挥怎样的作用，其自身将以怎样的方式进行城镇化或者回应城镇化，以及城镇化进程如何使得其相应受益则关注不多。因此，转变思路，重点考虑城镇化进程中的农村改变势在必行。

1.2　相关概念

本书选择贵州贫困地区为研究对象，以县为基本研究单元，对迫切需要解决的贫困与贫困治理问题在人居环境建设层面展开研究。

1.2.1　研究对象：贵州省贫困地区

贵州是我国欠发达地区的典型代表。贵州是贫困人口最多、贫困面最广、贫困程度最深的省份。贵州开发时间较晚，直到明代才正式设为行省，"贵州之地，自唐宋以来，通于中国者，不过十之一二。元人始起而疆理之，然大抵同于羁縻异域，未能革其草昧之习也。"[①]"黔处天末，崇山复岭，鸟道羊肠，舟车不通，地狭民贫。"[②]

---

① ［清］顾祖禹《读史方舆纪要》《贵州方舆纪要序》
② ［清］陈法《黔论》

　　由于历史、自然、地理等方面的原因，贵州贫困现象一直十分突出。在 20 世纪 80 年代贵州被胡鞍钢（1995）称为"中国最为突出的欠发达地区"。

　　尽管近些年贵州采取多重措施扭转贫困现象，取得很大成效。但因为历史、地理、经济等方面的原因，贵州作为全国贫困人口最多、贫困程度最深省份的状况一直未有根本改变。按照国家统计局"全面实现小康社会"程度指标体系的计算，2010 年我国全面建设小康社会实现程度达到 80.1%[①]，而贵州省实现程度仅为 65.8%[②]。

　　贵州的贫困问题已经吸引了国家政策制定者的关注，成为国家全面建成小康社会的关键。2011 年，在贵州调研工作的习近平曾表示："贵州是全面建成小康社会任务最艰巨的一个省份"[③]；2012 年，温家宝在贵州考察时表示，"贵州尽快实现富裕，是西部和欠发达地区与全国缩小差距的一个重要象征，是国家兴旺发达的一个重要标志。"[④]2013 年，李克强在全国两会期间特别指出"贵州经济社会发展相对滞后，全面建成小康社会的任务非常艰巨、十分紧迫。如果缺失了贵州实现全面建成小康社会，全国全面建成小康社会就不完整。"[⑤]

　　贵州省的贫困主要集中于广大县域（自治县、县级市、特区）。贵州的县域既是城乡发展不平衡的"洼地"，也是区域发展不平衡的"洼地"，整体收入极低，贫困发生率极高，以 2011 年的贫困标准计算，贵州大部分县的农村贫困发生率在 15% 以上。而贫困率低于 10% 的主要集中在省内城市的市区（图 1-6）。

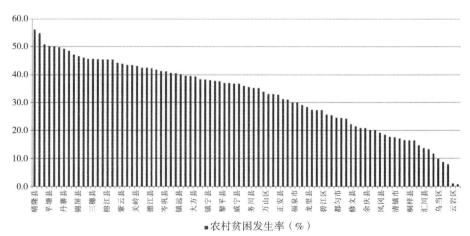

图 1-6　2300 元新标准下的贵州部分县农村贫困发生率（2011 年）
数据来源：《贵州统计年鉴 2012》

① 来源：国家统计局科研所．中国全面建设小康社会进程统计监测报告（2011）[EB/OL]．中国国家统计局网站，http://www.stats.gov.cn/tjfx/fxbg/t20111219_402773172.htm．2011-12-19 来源：
② 来源：袁天志，黄瑶．2011 年贵州全面建设小康社会实现程度达 65.8%[N]．贵州日报，2012-11-03.
③ 来源：中国新闻网 2013-03-05 报道"贵州省委书记：励精图治实现贵州'中国梦'"，记者张一凡　张伟，http://www.chinadaily.com.cn/hqgj/jryw/2013-03-05/content_8417433.html
④ 来源：新华网 2012-10-09 报道"温家宝在贵州省毕节市考察"，记者赵承、张宗堂，http://news.xinhuanet.com/video/2012-10/08/c_123796589.htm
⑤ 来源：凤凰网 2013-03-08 报道"李克强：西部地区发展起来了，全国的格局就会大不一样"，http://finance.ifeng.com/news/special/2013lianghui/20130308/7746452.shtml

本书研究的贵州省贫困地区主要指贵州省的县域地区，具体指贵州省 88 个县级行政区中，除 6 个地级市的 13 个市辖区之外的 75 个县（自治县、县级市、特区）[①]。

1.2.2 核心问题：贫困

贫困问题是著名的"3P"（Population，Poverty and Pollution）问题之一。贵州的贫困问题体现为农民人均纯收入低、农村贫困发生率极高、贫困高发于县域农村、绝大部分县都存在严重的贫困问题等特点。

（1）人均收入低

贵州人均收入十分低。自改革开放以来，农民人均纯收入增长速度一直低于全国先进地区水平，因此，当前落后较多。2010 年，贵州省农民人均纯收入 3471 元，列全国倒数第 2 位，不仅远低于东部沿海地区，也仅相当于全国平均水平 5919 元的 58%。城镇居民人均可支配收入情况稍好，贵州全省平均 14143 元，也仅列全国倒数第 5 位，约相当于全国平均水平 19109 元的 74%（图 1-7）。

人均收入低，尤其是农民人均纯收入大大低于全国平均水平，是研究贵州人均环境最主要的一个出发点（图 1-8）。

（2）贫困人数多，贫困发生率高

贫困问题首先体现在巨大的贫困人口数量与较高的农村贫困发生率（图 1-9）。1993 年底，贵州省共有 1000 万的人口处于贫困线以下，而农村贫困发生率则高达 34.4%。经过近 20 年的艰苦奋斗，到 2010 年，全省接近 600 万人口脱离贫困线，农村贫困发生率也降低到了 12.1%。2011 年，国家根据实际情况

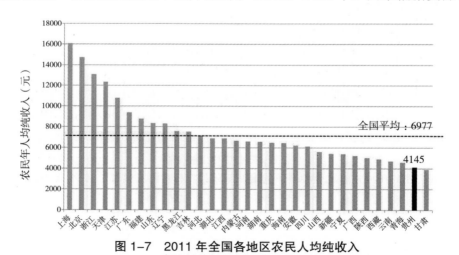

图 1-7 2011 年全国各地区农民人均纯收入
数据来源：《中国统计年鉴 2012》

[①] 本书如无特殊说明，均以"县"作为"县、自治县、县级市、特区"的统称，不再加括号注明。

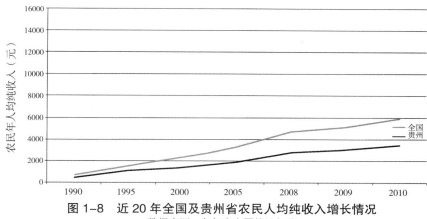

图 1-8 近 20 年全国及贵州省农民人均纯收入增长情况
数据来源：各年度中国统计年鉴

■ 绝对贫困人口（万人）　━ 绝对贫困人口发生率（%）

图 1-9 贵州省贫困人口与农村贫困发生率 [①]
数据来源：《贵州六十年》，《贵州统计年鉴》等

将农民人均纯收入大幅提高至 2300 元的新标准，按此标准，贵州省共有贫困人口 1149 万人，占到全国所有贫困人口的 9.4%，而占到贵州全省人口的 1/3。贫困现象仍然十分严重，扶贫开发工作压力巨大。

（3）贵州大量县存在突出的贫困问题

1994 年国务院扶贫开发领导小组《关于列入贫困县的通知》（国开发〔1994〕5 号）公布全国 592 个国家级贫困县名单，贵州省共列入 48 个县 [②]。后经调整，贵

---

① 2008 年与 2011 年曾较大幅度调整贫困线标准，因此，图中贫困人口与贫困发生率有较大波动。数据来源：1993-2008 年来源自《贵州六十年》，2009-2010 年来源自相关年度《贵州统计年鉴》，2011 年为媒体报道数，来源自新华网 2012-05-23 文章，"国务院扶贫办与贵州省共建全国扶贫开发攻坚示范区"，记者林晖，周芙蓉。http://www.gz.xinhuanet.com/2008htm/xwzx/2012-05/23/content_25277492.htm
② 从江、纳雍、沿河、织金、六枝、大方、务川、赫章、盘县、雷山、台江、丹寨、荔波、独山、息烽、天柱、习水、正安、普安、水城、兴仁、威宁、黄平、关岭、三都、印江、普定、德江、册亨、晴隆、贞丰、麻江、榕江、石阡、三穗、岑巩、罗甸、紫云、剑河、望谟、松桃、长顺、镇宁、施秉、平塘、凤冈、安龙、黎平。

州省共 50 个县列入国家级贫困县（国家扶贫开发工作重点县）①，占全省 75 个县（县级市、特区）的 2/3。而贫困现象还表现为地域聚集的情况，如黔东南 16 个县市，其中有 14 个列入国家扶贫开发工作重点县；黔西南 8 个县市，除州首府兴义市之外 7 个县全部列入。2012 年国家 14 个连片特困区涉及 679 个贫困县，贵州共涉及 65 个县、市、区，占贵州全部县市区数量的 73.9%，而 75 个县市中有 61 个贫困县，比例高达 81.3%（图 1-10）。②

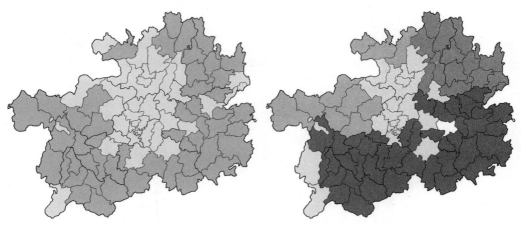

2002 年 50 个"国家扶贫开发工作重点县"　　　　2012 年 65 个纳入"连片特困"区域的县

图 1-10　贵州省的"贫困县"

来源：笔者根据相关资料自绘

（4）贫困问题往往与多元特色民族文化伴生

贵州是一个多民族聚居省份，共有苗、侗、仡佬等 17 个世居少数民族。千百年来，多山闭塞的自然地理环境和少数民族的聚居积淀了丰富的、多样的地方文化，具有"文化千岛"的特点。多元文化的保存与共生，不仅在国内，在世界范围内也十分少见，给人类留下了很多宝贵的文化遗产。

但现实表明，贫困问题高发的地区，往往是县域民族地方文化极具特色的地区。因此在县域经济发展与贫困治理的过程中，文化的保存与发扬工作十分重要。

---

① 雷山县、望谟县、纳雍县、晴隆县、沿河县、三都县、水城县、册享县、赫章县、松桃县、从江县、黄平县、平塘县、大方县、剑河县、紫云县、榕江县、织金县、思南县、长顺县、罗甸县、威宁县、石阡县、印江县、贞丰县、黎平县、普安县、道真县、麻江县、丹寨县、关岭县、台江县、江口县、德江县、兴仁县、岑巩县、锦屏县、务川县、正安县、习水县、普定县、三穗县、荔波县、天柱县、镇宁县、盘县、施秉县、独山县、安龙县、六枝特区。

② 桐梓县、习水县、赤水市、毕节市（现七星关区）、大方县、黔西县、织金县、纳雍县、威宁彝族回族苗族自治县、赫章县、正安县、道真仡佬族苗族自治县、务川仡佬族苗族自治县、凤冈县、湄潭县、铜仁市（现碧江区）、江口县、玉屏侗族自治县、石阡县、思南县、印江土家族苗族自治县、德江县、沿河土家族自治县、松桃苗族自治县、万山特区（现万山区）、六枝特区、水城县、西秀区、平坝县、普定县、镇宁布依族苗族自治县、关岭布依族苗族自治县、紫云苗族布依族自治县、兴仁县、普安县、晴隆县、贞丰县、望谟县、册享县、安龙县、黄平县、施秉县、三穗县、镇远县、岑巩县、天柱县、锦屏县、剑河县、台江县、黎平县、榕江县、从江县、雷山县、麻江县、丹寨县、荔波县、贵定县、独山县、平塘县、罗甸县、长顺县、龙里县、惠水县、三都水族自治县、瓮安县。

1.2.3 基本单元：县域

县在基层治理中地位十分重要。"县以俯亲民情"，直接关系国计民生，"郡县治，则天下治"。在县稳定的情况下，县为单位进行基层治理往往最具成效。"上边千根线，下边一根针"，广大农业地区治理的千头万绪，都需透过"县"的这根"针眼"得以贯彻。

国家历来重视县域工作，历年的政府工作报告等多次要求发展县域经济，促进农村及地区经济发展。1993 年提出"县级机构改革已经进行多年，有比较成熟的经验，县域经济又基本上是市场调节的，改革步子可以更大一些"，2003 年"推动县域经济发展。加快城镇化进程。发展小城镇要科学规划，合理布局，加强对农村富余劳动力转移的协调和指导，维护农民进城务工就业的合法权益"；2004 年"发展农产品加工业等农村非农产业，壮大县域经济。稳步推进城镇化，改善农民进城就业环境，加强农民工培训，多渠道扩大农村劳动力转移就业"；2006 年提出"继续调整农业结构，积极发展畜牧业，推进农业产业化，大力发展农村二、三产业特别是农产品加工业，壮大县域经济，推进农村劳动力向非农产业和城镇有序转移，多渠道增加农民收入"；2011 年"大力发展农村非农产业，壮大县域经济，提高农民职业技能和创业、创收能力，促进农民就地就近转移就业"[1]。

从贫困治理的角度而言，笔者认为同样应重视县的重要作用。我国贫困治理工作于 1986 年有组织、大规模地展开，同年即确立了国家级贫困县的模式，至 1992 年陆续设立起 592 个国家级贫困县。贫困县一直是国家贫困治理的重要依托，大量扶贫资金与政策投向贫困县。到 2000 年，有学者指出依托贫困县进行贫困治理的制度存在一定的问题，因为贫困已经呈现为"大分散、小集中"的分布特点，已经有一半的贫困人口不位于贫困县内。因此，2001 年起中央开始推进扶贫开发"整村推进"，直接瞄准贫困村。2011 年出台的"集中连片特困地区"政策，将贫困治理的主战场确定为集中连片贫困地区。因此，有观点认为"如果纯粹从贫困集中程度来讲，县的作用已经没有那么大了"，"国贫县的历史使命已经终结"[2]。笔者认为，贫困聚集于 592 个"国贫县"的情况已经不太明显，但仍绝大部分聚集于县域（包括县级市），"国贫县"的历史使命已经终结，并不意味着"县"域的历史使命的终结。相反，广大欠发达地区的县域，正是贫困治理的主战场。

本书选取县域为基本的研究单元，主要有以下几个方面的考虑：

① 来源自各年度政府工作报告，引自新华网专栏"历年国务院政府工作报告（1954 年至 2013 年）"，http://www.gov.cn.
② 来源：刘玉海 . 2011. 贫困线上调至 2300 元，贫困人口将过亿 [N]. 21 世纪经济报道，2011-11-30.

（1）自古以来我国即有以县为单元进行基层治理的传统

秦始皇统一六国，郡县制成为国家的整体架构，县成为国家治理最为基层的行政单元，并保持了此后两千余年的基本稳定。个别县的幅员甚至长达两千年没有大的变化，所谓"郡虽迁革不一，而县邑如故"。县的行政方式、职责权限等等，均没有发生太大的改变，对农村基层形成了比较稳定和有效的治理，县一直是最稳定的基层行政单元。中国的基层治理逐渐积累起一整套以县为基本单位进行基层治理，营建整体人居环境，继而形成融自然单元、基层行政单元、基层经济单元、基层文化单元为一体的基层人居环境单元。以县域为单位的农村基层治理经历了两千余年时间的发展与成熟，理应为我们今天破解农村治理难题提供思路。

（2）县是农村地区覆盖面最广、联系最为直接、统筹城乡最有基础的基层行政单元。2010 年，据《中国统计年鉴》，全国共有市辖区之外的县级行政区 2003 个，其中县级市 370 个，县 1461 个，自治县 117 个，旗 49 个，自治旗 3 个，特区 2 个，林区 1 个，地域面积超全国总面积的 90%。2005 年，县域人口总数达 9.18 亿，占全国当时总人口的 70.24%；GDP 总量，县域占到全国的 48.1%。县域构成既包括以县城和小城镇为代表的城镇，也包括大量的农村地区，是涵盖城乡，继而有机会实现统筹城乡的区域。这一层次的区域与基层行政、经济、社会等单元往往相统一，是基层治理的基本单元。

（3）县是贫困问题最为集中的地区。全国 2003 个县，集中了全国绝大部分贫困人口。如 2010 年贵州省 75 个县的贫困人口为 393.68 万，占贵州全省贫困人口 418 万的 94.2%。贵州省 75 个县中，有 50 个国家扶贫开发工作重点县，占县总数的 66.7%，有 65 个县划入连片特困地区，更是占到县总数的 80% 以上。

（4）县是整合县内各项资源、承接各类政策、项目、资金，形成发展合力的基本单元。由上至下，县是整合中央、省、市各项政策、资金、项目的最基层单元，由下而上，县能够集中有效力量，破解乡镇力量薄弱的问题，形成有力的推进。

（5）为合理回应当前人口转移趋势，县是形成新的农村人地空间布局的基本单元。当前，随着县域城镇化与工业化的推进，县域接纳了大量的农村剩余劳动力转移就业，县域农村人地空间分布的格局正在重新形成。

1.2.4　人居环境

人居环境科学（Sciences of Human Settlements）是由吴良镛先生在 20 世纪 90 年代针对我国城乡建设中的种种实际问题而创立的。人居环境科学创新发展了梁思成先生的"体形环境论"与希腊学者道萨迪亚斯（Doxiadias）的"人居学（Ekistics）"。

人居环境科学以"实现空间及其组织的协调秩序和适合生产生活的美好环境"为两大目标，重点考察"包括乡村、集镇、城市、区域等在内的人类聚落及其环境的相互关系与发展规律"[①]，并在此基础上进行整体思考与规划设计，提供解决问题的战略思想与技术工具。

人居环境科学运用复杂性科学的原理，坚持以问题为导向的"融贯的综合研究"，综合考虑政治、经济、社会、文化等方方面面的因素，从空间结构、土地利用、产业发展、行政治理等方面进行整体考量，并最终通过空间规划与设计加以实现（图 1-11）。

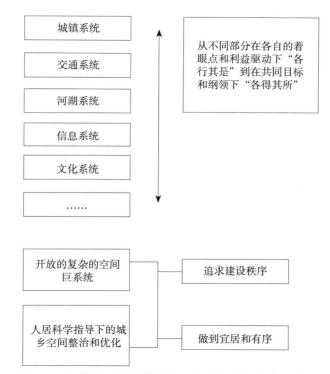

图 1-11　人居环境科学指导下的城乡空间整治和优化
来源：吴良镛在第二届人居科学国际论坛上的主旨发言《科学发展议人居》，2012.

1.3　方法与框架

1.3.1　研究方法

本研究以问题为导向，以人居环境科学为基本框架，多学科融贯地研究复杂问题。采用理论、实证、政策研究相结合的研究方法。同时，还从历史传统与

[①]　来源：吴良镛在 2011 年 9 月清华大学建筑学院演讲《理论的探索与实验的创新》。

当代经验两方面进行借鉴。

（1）问题导向

本书牢牢抓住贵州县域中贫困问题，以县域为研究问题的基本单元，以人居环境科学为基本框架，整合各学科相关部分，从经济社会、生态环境、社会、行政治理等多方面考察问题。通过理论演绎与实证研究，对现实问题进行归纳和分析，寻找问题产生的根源与机理，并依此寻找解决问题的方法与路径，从空间上构建解决问题的基础。

（2）理论演绎

通过对文献的研究，梳理学术界对于贫困以及贫困治理的相关理论，分析其优点及不足。在此基础上，通过引入人居环境理论，建构贵州贫困地区县域人居环境建设的基本理论框架。

（3）实证研究

笔者于 2006 年至 2012 年间多次赴贵州省调研，并于 2012 年 2 月至 4 月系统地对贵州省全部 9 个市（州）中的 12 个县进行了调研（图 1-12），12 个县贫困程度、地理区位、发展方式均不尽相同，具备较为广泛的代表性。通过资料收集、实地踏勘、人物访谈等方式，积累大量研究数据与案例。

在此基础上，本研究从"个案归纳"与"计量实证"两个方面对前述理论假设进行实证。通过对调研案例的归纳，与理论研究相结合，对贵州贫困地区县域人居环境和贫困现象展开研究，发现县域人居环境的关键问题，分析贫困现象产生与人居环境之间的关联。

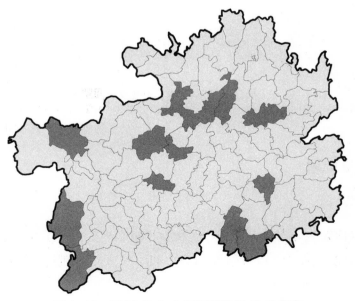

图 1-12　2012 年 2-4 月调研贵州 12 县分布

来源：笔者自绘

本书在研究理论与实证结合研究的过程中，采取"理论"、"定性"、"定量"三者相结合的综合研究方法。通过理论演绎与案例归纳提出基本假设之后，对贵州省 75 个县人居环境状况的定性与定量分析，分析县域人居环境核心问题与贫困发生之间在空间上的相关性；并且通过 75 个县的数据构建多元回归模型，验证相关假设。

（4）政策研究

研究梳理了欠发达地区贫困治理的相关政策，并在前述对贫困现象的影响因素和产生机理研究的基础上，提出系统性、合理化的政策建议。

（5）历史经验与国外经验借鉴

通过经典文献与地方志研读、历史遗址实地踏勘等方式，总结我国古代县域基层治理的经验；通过对瑞士、中国台湾地区等的相关治理政策与措施进行分析提取经验，为今天相应政策制定提供参考。

1.3.2　本书结构

本书正文部分主要分为三个部分：理论研究，实证研究与政策研究（本书结构见图 1-13）。

绪论：提出本研究的研究背景，对科学问题进行界定，对选取案例进行说明（第 1 章）。

第一部分：理论研究

在梳理前人研究成果与当前治理政策，并借鉴传统与现代经验的基础上（第 2 章），结合实际情况，以人居环境科学为指导，构建贵州贫困地区县域人居环境建设的基本理论框架，分析贵州贫困地区县域人居环境的阶段特征，并对影响贫困产生的核心问题与机制提出相关假设（第 3 章）。

第二部分：实证研究

首先揭示贫困的空间聚集特点（第 4 章），随后对贵州各县域的人居状况进行实证（第 5 章），构建县域人居环境对于贫困产生的影响模型并运用 75 个县的截面数据进行验证（第 6 章）。

第三部分：政策研究

针对前述提出的问题以及特点，结合实际案例，提出对贵州贫困地区县域人居环境建设的对策建议（第 7 章）。

结论：概括全书提出的主要观点，总结本研究的主要创新点与不足之处，并对进一步的研究进行展望（第 8 章）。

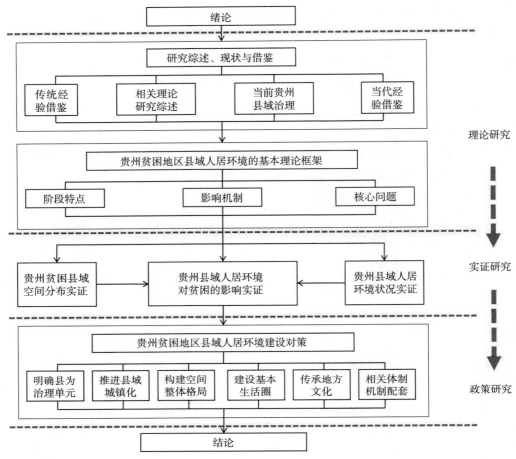

图 1-13 本书结构
来源：笔者自绘

第 2 章

研究综述、治理现状以及经验借鉴

贫困问题是贵州贫困地区人居环境建设的核心问题，在县域层面进行人居环境建设可以成为该地区消减贫困的重要空间手段。本章首先对贫困问题，尤其是贵州省的贫困问题进行综述，并考察了当前贵州县域以"贫困治理"为核心政策体系与空间手段，指出存在的问题与进一步工作的方向。与此同时，本章还对中国古代县域人居环境建设传统进行了提炼总结，亦总结了瑞士及中国台湾地区在特定方面的成功经验，希望从传统与当代两个层面对当前贵州县域人居环境建设提供借鉴。

2.1 贫困问题的研究述评

贫困问题一直是困扰全球的重大课题，来自全世界的学者对贫困问题及其治理开展了诸多卓有成效的工作。近年，有学者关注贫困的空间属性，并进行了"空间贫困学"的相关研究。贵州作为中国贫困问题最为严重的地区，自 20 世纪 80年代起，就吸引了大批学者的关注。

2.1.1 贫困问题

贫困是什么？对于这个问题的理解伴随着人类为解决贫困而奋斗的整个过程。《中国大百科全书》定义为"在一定环境下，居民长期无法获得足够的收入来维持一种生理上要求的、社会文化可接受的和社会工人的基本生活水准的状态。"[1] 世界银行 1990 年给出的定义为"缺少达到最低生活水准的能力"（World Bank，1990），2001 年继续扩展至面临贫困风险的脆弱性以及表达自身需求能力的缺乏等多个层面（World Bank，2001）。

2.1.1.1 贫困的定义

贫困首先表现为一种经济现象，当个人、家庭和群体的收入水平较低未能达到最低生活水准而不能满足其生存，或者不能满足其在生存之上所必需的物质生活、精神满足与发展需求时，我们可以认为这些个人、家庭与群体陷入了贫

---

[1] 来源：《中国大百科全书》总编委会．中国大百科全书（第二版）．北京：中国大百科全书出版社，2009.

困（World Bank，1990；国家统计局农调总队，1993；周彬彬，1991）。这一不满足情况呈现出层次递进的特点，各个层级达到需要所需的收入要求越来越高（朱凤岐等，1996）。

贫困还是政治现象与社会现象，代表着一部分个人、家庭和群体在资源占有、社会结构、收入分配等方面处于弱势地位，社会权利因而长期得不到满足或"被剥夺"，造成了"社会权利的贫困"，并随之产生政治、文化、经济等方面权利的贫困（洪战辉，2003；王俊文，2010）。目前，贫困是一个综合性的概念已经成为共识。

2.1.1.2　贫困的度量

在对贫困程度的度量标准上，最开始主要是以收入作为衡量的主要标准：英国阿尔柯克（Alcock，1993）提出标准预算法、收入替代法与剥夺指标法；莫泰基（1993）提出市场菜篮法、恩格尔系数法、食费对比法、国际贫穷标准法4种衡量标准；童星、林闽钢（1993）则在前人基础上总结出客观相对贫困标准、客观绝对贫困标准、主观贫困标准3种视角12种方法；

随着人们对贫困的认识的不断加深，贫困的认识已不仅局限于绝对贫困，还包括人类贫困（UNDP，1997）、知识贫困（胡鞍钢等，2001）与生态贫困（胡鞍钢等，2009）等多个维度。人们认识到仅靠收入这一货币标准已经越来越难衡量贫困的标准。因此，阿马蒂亚·森（Sen，1999）提出以能力方法为核心来衡量贫困，衡量指标应是包括饮用水、道路、获得医疗等客观指标以及主观感受在内的一整套体系，这一开创性的认识被称作多维贫困理论。在此之后，各类试图涵盖多个层面的贫困指标体系的尝试层出不穷。

（1）UNDP 人类发展指数（HDI）

为了更全面地衡量各国间经济社会发展水平，消除以单一 GDP 指标衡量的不足，联合国开发计划署（UNDP）在 1990 年提出人类发展指数（Human Development Index）。指数由对收入、教育、健康三个方面的考察综合而得。在 2009 年之前，收入方面由 GDP 衡量，教育方面由成人识字率与综合入学率衡量，健康方面由预期寿命指数衡量。在 2010 年之后，衡量体系有所改革（图 2-1），仍由收入、教育、健康三个方面构成，收入由人均国民收入（GNI）衡量，教育依据平均教育年限与预期教育年限衡量，健康仍依据预期寿命衡量，指数计算方法也略有区别。按指数的四分位数作为划分发展组别的标准，及由低至高每 1/4 数量的国家，分别列入低、中等、高和极高发展国家组别。

按照 UNDP（2013）的统计，2012 年中国人类发展指数（HDI）为 0.699，位于世界第 101 位，处于中等人类发展水平。

（2）UNDP 多维贫困指数（MPI）

2008 年，Alkire and Foster（2008）发表了《计数和多维贫困衡量》工作论文，随后，Alkire 和 Santos 进一步完善这一体系，成为 UNDP《联合国人类发展报告 2010》中衡量贫困的核心。在这一体系中，选取了健康、教育与生活标准三大主题的营养、儿童死亡率、受教育年限、儿童入学率、燃料、厕所、饮用水、电、屋内地面和财产等 10 项具体指标作为衡量贫困的指标体系，形成多维贫困指数（UNDP，2010）（图 2-2）。

（3）国内贫困衡量体系

国内的学者也作了相应的尝试，胡鞍钢等（2009）以青海省为例，以收入贫困、人类贫困、知识贫困、生态贫困四个维度为目标，设计了包括 17 项指标的贫困衡量体系；王小林和 Alkire（2009）设计了包括 8 项指标在内的多维贫困衡量体系；王荣党则在贫困基础、社会经济、人文发展和生存环境四个方面选取了 17 项指标（表 2-1）。

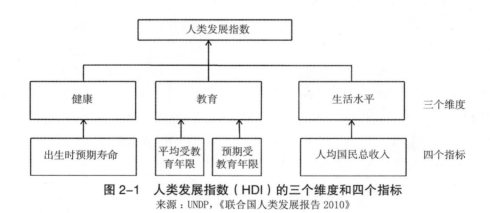

图 2-1　人类发展指数（HDI）的三个维度和四个指标
来源：UNDP，《联合国人类发展报告 2010》

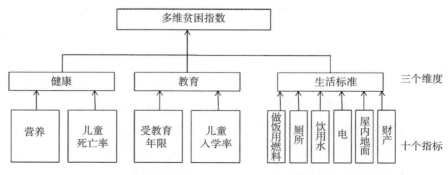

图 2-2　多维贫困指数（MPI）的三个维度和十个指标
来源：Alkire, S., M. Santos. 2010. Acute Multidimensional Poverty: A New Index for Developing Countries. Human Development Research Paper 11. UNDP-HDRO, New York. 引自 UNDP，《联合国人类发展报告 2010》.

部分学者提出的多维贫困衡量体系　　　　　　　　表 2-1

提出人	维度	具体指标
胡鞍钢等	收入	极端贫困发生率、（低收入）贫困发生率、国际线（名义）贫困发生率、国际线（实际）贫困发生率
	人类	文盲率、小学人口比例、婴儿死亡率、产妇死亡率、轻体重儿童比率、新农合未覆盖率、现代房未占有率、交通工具未占有率
	知识	电视未普及率、广播未普及率、固定电话未普及率、移动电话未普及率、互联网用户未普及率
	生态	生态贫困人口比例、安全饮用水未覆盖率
王小林Alkire	住房、饮用水、卫生设施、电、资产、土地、教育、健康保险	
王荣党	贫困基础	基尼系数、农村贫困发生率、农民人均纯收入、劳动力转移率
	社会经济	恩格尔系数、热量摄入数、钢木结构住房面积比例、百户电视机拥有量、享有社会保障人口比重
	人文发展	婴儿死亡率、人口平均预期寿命、劳动力负担系数、学龄儿童在校率、劳动力平均受教育年限
	生存环境	通公路受益人口比重、享有安全用水人口比重、用电户比重

来源：笔者整理

（4）中国全面建设小康社会统计监测指标体系

2008 年，为全面量化衡量我国各地方小康社会的实现程度，国家统计局印发《全面建设小康社会统计监测方案》。监测方案涉及 6 大类 23 项指标（表 2-2）。

《全面建设小康社会统计监测方案》中的指标体系　　　　　　　　表 2-2

大类	指标
经济发展	人均 GDP、R&D 经费支出占 GDP 比重，第三产业增加值占 GDP 比重，城镇人口比重，失业率（城镇）
社会和谐	基尼系数，城市居民收入比，地区经济发展差异系数，基本社会保险覆盖率，高中阶段毕业生性别差异系数
生活质量	居民人均可支配收入，恩格尔系数，人均住房使用面积，5 岁以下儿童死亡率，平均预期寿命
民主法制	公民自身民主权利满意度，社会安全指数
文化教育	文化产业增加值占 GDP 比重，居民文教娱乐服务支出占家庭消费支出比重，平均受教育年限
资源环境	单位 GDP 能耗，常用耕地面积指数，环境质量指数

来源：笔者根据国家统计局《全面建设小康社会统计监测方案》整理

2.1.1.3　贫困的产生机制

贫困的产生机制是国外学者研究贫困的核心领域之一，各种流派从不同角度对贫困的产生机制进行阐述。

首先从资源禀赋与人口压力的角度来阐述贫困的产生机制。一定量的粮食不能满足过多的人口。代表人物有马尔萨斯（Malthus）、格兰特（Grant）等。在人口数量过多以及人口增长速度过快的情况下，粮食需求大幅增加，而相应的自然资源与生产生活资料（尤其是耕地）远不能满足人口增长的需要，因此形成贫困。进一步地，在土地资源稀缺、生产技术落后的情况下，贫困人群只有通过增加人口的办法进一步增加劳动投入，由此陷入格兰特所述的"贫困—人口增加—更加贫困"的怪圈。厉以宁（2000）对PPE怪圈的形成机理进行了深入探讨，进一步讨论人口—资源环境的相互影响。我国部分贫困地区的"越穷越生、越生越穷"现象也正是这一贫困循环的体现。

此外，人口数量过多与人口素质低下在贫困的循环中往往是一对"孪生兄弟"，个人素质论者（弗里德曼，1986；等）认为收入水平直接与个人素质相关联，而个人素质包括个人禀赋、天资、社会资本与心理素质等因素，个人素质低下直接导致不能抓住对社会而言均等的机会，从而陷入贫困，而贫困境况显然地又会进一步加剧个人素质的低下；群体素质论则看到在某些区域与某些群体中人口低素质与贫困的高度伴发性，认为由于经济条件、基础设施情况以及多方面的原因造成了某些区域或某些群体的经济行为、社会文化、个人文化素质与精神面貌等不同于周围环境，久而久之形成了这一区域或群体性的人口低素质，进而与贫困互为因果，形成贫困的又一个循环。诸如对我国贫困地区的人口素质的研究表明，我国贫困地区之所以贫困的主要原因在于农民文化素质的较低与上进心的缺乏，主要表现在平均受教育程度低；接受外界事物能力弱；缺乏进取精神，易于满足、不愿冒险、安于现状等（李强，1995；陆杰华，1999；王俊文，2010）。戴庆中（2001）探讨了造成贫困现象的非经济因素，他认为贫困地区的发展必须尊重本土文化，在此基础上对自身文化模式实现改造与重构，以此作为发展的前提和基础，"没有本土文化模式的自我发展，贫困地区经济社会的发展要么是不可能，要么就是畸形的"。

经济学家从生产、资本、经济发展等角度对贫困进行阐释，代表人物有罗格纳·纳克斯（R. Nurkse）与纳尔逊（R. Nelson）、缪尔达尔（G. Myrdal）等。他们主要从资本的角度对贫穷的产生做出了阐释。纳克斯（Nurkse，1953）提出贫困恶性循环理论（vicious circle of poverty），他认为"贫穷就是因为它穷"，资本匮乏是形成贫困现象的关键因素。贫穷的恶性循环由供给与需求两方面的循环共同构成。在供给方面，由于人均收入低，导致大部分收入用于基本生活，从而导致低储蓄能力，进而导致资本形成不足，而低资本形成又导致低劳动生产率，进一步导致产出低，因而又造成低收入。在需求方面，因为低收入导致购买力低下，低购买力意味着投资引诱不足，缺乏投资引诱也会导致资本形成不足，因而又进一步导致低劳动生产率、低产出、低收入的恶性循环。供给与需求两方面的共同作用，导致从低收入到低收入的恶性循环，因而陷入贫穷的泥沼而无法自拔。纳尔逊（Nelson，1956）的低水平均衡陷阱理论（low-level equilibrium trap）的解释是：发展中国家中，人口快速增长，以至于其增长速度超过经济增长的速度，资本形成因为人口的增长而受到稀释，因此成为阻碍经济进一步增长与人均收入提高的陷阱。

自 20 世纪中期开始，有学者从社会、制度等层面，综合讨论贫困的产生机制。形成贫困分析的"结构范式"。持"贫困结构"范式的研究者广泛来自于经济、社会、政治等各个学科领域，认为贫困的产生是由于种种原因造成的自然、经济、社会资源占有的不平等，来源自资本占有的不平等（马克思，2004）、制度性分配不公或社会性相对剥夺（Townsend，1979）、社会政策制度的不平等（Alcock，1993）等，后期的"剥夺说"也基本持这一范式，认为贫困是因为历史、社会、制度等原因造成的能力与权利的被剥夺（Sen，1999 等）。在结构范式中，贫困成为基于社会分工不同而造成的社会经济政治结构不平等的产物，由此产生的收入不平等、社会权利低下、发展机会被剥夺等现象成为一种社会运行的常态（梁柠欣，2008）。而此贫困一旦因结构而形成，贫困本身也成为结构运行的重要组成部分，甘斯（Gans，1979）等人认为社会为了维持其目标与功能，就必须有贫困阶层的出现。

贫困产生机制还有贫困文化处境论（Lewis，1959，1966；Valentine，1968）、贫困功能论（Gans，1979）等角度阐释。"贫困文化"提出于 20 世纪 50 年代，以刘易斯（Lewis，1959）、班菲尔德（Banfield，1958）、莫伊尼汉（Moynihan，1965）等为代表。此后，国内的一大批贫困研究也深刻地受到了这一范式的影响，典型的如王小强等（1986）。在这一解释范式中，贫困之所以产生，在于某一区域或某一群体存在与社会整体文化不相交通的"贫困亚文化"，"贫困亚文化"通常具有个人素质低下、闭塞、不思进取、排斥新鲜事物、惧怕挑战、不肯努力等属性，正是这些属性导致了受该文化影响的人们在参与社会竞争中处于劣势，因此陷入贫困境地。同时，"贫困亚文化"还具有很强的顽固性，能通过代际传递在亚文化内部不断循环加强。因此，贫困亚文化既是贴在贫困人群身上难以摆脱的经济社会属性，贫困治理的首要问题是通过外部力量大力治理贫困文化，"治穷先治愚"，改变贫困群体的素质与思想，才能获得贫困治理的成效。

国内的贫困产生机制研究中，韩劲（2006）等持人口与资源恶性循环论，指出我国大部分山区陷入贫困与环境退化的恶性循环，农民为了生存，不得不把吃饭穿衣问题放在长远生态与社会发展之上，过度向土地与环境索取，导致环境退化，而环境退化又进一步造成土地生产力与环境承载力的下降，使农业生产效率越来越低，陷入"越垦越穷，越穷越垦"的状态；王小强等（1986）认为落后的社会基础结构造成了贫困的恶性循环（图2-3）；聂华林等（2004）提出RAP怪圈（"农村社会发育程度低——农业经济结构单一——农民文化素质低"恶性循环），他进一步将RAP怪圈与格拉特提出的PPE怪圈耦合，认为西部三农问题是这两个恶性循环耦合作用，由自然资源禀赋与社会文化条件共同作用的结果。

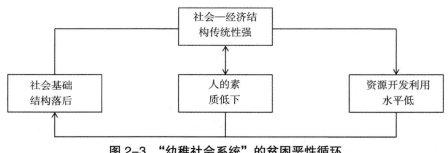

图2-3 "幼稚社会系统"的贫困恶性循环

来源：王小强等，1986

2.1.1.4 贫困治理框架

从经济学的古典学派开始，一直到当前的发展经济学派，经济学家在促进经济增长、缓解贫困方面做了诸多的努力。对于贫困现象的产生，经济学的传统解释认为是缺乏资源、劳动力和资本等要素，或要素配置不尽合理。因此，经济学的贫困治理通常从改变资源配置情况等角度来进行。例如纳克斯（Nurkse，1953）提出的药方是进行大规模、全面的投资，实施全面投资增长计划，通过多部门同时形成的投资引诱，带动资本形成的启动，进而改善贫困现象。

随后，制度经济学家指出了政策与制度在贫困治理中的作用，提出"是一些反常的政策和制度降低了这些国家中资本和劳动力的生产能力。"（克拉格，2006；林毅夫，2010）。

基于教育与文化扶贫的观点：秉承刘易斯（O. Lewis）等人"贫困文化论"的观点，个人素质以及贫困群体所形成的价值观念与文化理念是阻碍贫困现象改善的主要原因（Lewis，1959；李强，1989；吴理财，2001）。"治穷先治愚"，因此，提高贫困者个人素质、改变"贫穷文化"是治理贫困的重要一环。主要的治理手段有大力发展教育，提高贫困人口素质；强化先进知识、文化、理念在贫困地区的传播，改变闭塞落后的文化状况；加强价值引导，推进贫困地区形成积极的文化等。

政府应发挥积极作用的观点受到广泛认同，运用公共管理、公共政策框架来架构欠发达地区脱贫与发展的路径（薛宝生，2006；王飞跃，2008）。胡鞍钢等（2000）强调作为一个最大的发展中国家，在面临诸多发展挑战的情况下，在过渡时期应发挥除基本职能外的 9 项特殊职能（"政府特殊功能论"）中，其中特别提到解决地区发展不平衡问题，促进少数民族地区的发展，并且积极实施反贫困计划[①]，他们提出的政策建议为：（1）建立中央地方协商制度与财政转移支付制度；（2）全国基本公共服务均等化；（3）在中西部大规模建设基础设施；（4）建立市场经济体系，促进生产要素向中西部流动；（5）支持和帮助少数民族地区加快经济发展；（6）欠发达地区充分认识差距，深化改革。这些建议中，一部分已经为中央政府采纳施行并取得良好效果，一部分仍在施行过程中。

2.1.2 贫困的空间性

前述诸理论多为从经济学、社会学等角度解释贫困。无论是结构范式，还是文化范式，各种研究往往对于贫困与空间之间紧密的关系缺乏解释，例如：为什么贫困总是在地域上呈现出连片出现的态势？为什么贫困高发地区在地理、区位等方面在很大程度上具有相似之处？如果从结构范式出发总需要有贫困阶层，如果从文化范式出发总会有最初的贫困导致"贫困亚文化"，那么这最初的贫困阶层或贫困群体又是怎么出现的呢？

如上种种疑问具有深刻的现实含义，自然地引出了贫困的产生具有深刻的空间属性这一命题。空间是承载一切经济、社会活动的基础，由于各地自然资源占有、区位情况的不同，社会配置各经济要素的能力与效率也不尽相同，由此对贫困产生直接的或间接的影响。正因为如此，对于贫困的研究应注意到空间的重要性，也即应充分关注贫困的"空间性"。

（1）贫困的空间分布

关于贫困的空间分布情况，有以下的三种观点：

一种认为贫困主要与个人、家庭自身的情况与努力程度相关，因此，其分布在空间上则表现出随机或点状的特点，任何地方均有贫困的个人与家庭。持这一论点的代表性人物是自由主义经济学家弗里德曼（1986），他认为既然自由市场为所有人提供了均等的机会，只有因为自身原因而没有抓住机会的个人才会跌落贫困境地。从这个角度而言，空间即使对贫困有一定影响，但与个人的素质与努力程度相比也十分有限。由此继续推论可以认为，贫困的分布与空间不应体现出显著的关联。

另一种观点认为贫困具有结构性与阶层性的分布特征，由于这一部分阶层

---

① 他认为，中国政府应该至少具备 20 种职能，其中包括 9 项根据中国特殊国情而具有的职能。这九项职能是："促进市场发育，建立公平竞争的统一市场；注重公共投资，促进基础设施建设；实施产业政策，促进产业结构高度化，充分发挥比较优势；解决地区发展不平衡问题，促进少数民族地区发展；控制人口增长，开发人力资源；保护自然资源，从事生态环境建设，进行大江、大河、大湖、沿海治理，防灾、减灾和救灾；管理国有资产和监督国有资产经营；实行反贫困行动计划，逐步消除中国的收入贫困、人类贫困和知识贫困。"详见：胡鞍钢，王绍光 . 2000. 政府与市场 [M]. 北京：中国计划出版社 .

与群体在空间布局上可能存在一定关联，因此贫困的分布具有一定的空间特征。由于社会经济制度的不平等，贫困主要集中于某些特定阶层与人群。如农村贫困人口大大多于城市贫困人口，再如少数民族、水库移民、城市下岗人群等阶层与群体（康晓光，1995；陆学艺等，2002；熊滨等，2004；郑丽箫，2004）。袁媛等（2009）的分析就将城市贫困阶层的空间分布模式予以揭示。

第三种观点认为由于自然区域地理等方面的原因，贫困具有明显的空间分布特征。不少学者很早就注意到了自然禀赋对于贫困的显著影响，认为贫困具有突出的空间分布特点（康晓光，1995；张巍，2008；赵曦，2009）。

近年来，更有学者将空间分析引入贫困研究中，新经济地理学者（Fujita et al.，1999）将地理区位纳入经济发展与消除贫困的核心范畴。几乎同时期，形成了"空间贫困"（Spatial Poverty）理论（Jalan & Ravallion，1998；Burke & Jayne，2008；陈全功等，2010），在国内的实证研究方面，康晓光（1995）很早就揭示了贫困存在空间分布特征，认为我国贫困已经从大范围的全局贫困阶段进入局部区域性贫困阶段，贫困主要集聚于我国中西部山区、干旱地区、少数民族聚集地区的广大农村。这一空间分布特征，也在我国历次划定的"贫困县"与多数学者研究的贫困区域中得到不断证明（胡鞍钢等，1995；国务院扶贫办，2006；杨晓光等，2006）。

（2）空间贫困理论

空间与经济发展、贫困产生之间的关系，早在20世纪中期，经济学家已经有所论述。哈里斯（Harris，1954）在其核心的论文《The Market as a Factor in the Localization of Industry in the United States》中以美国为案例，提出区位在经济发展中的重要作用，缪尔达尔（1957）也提出了类似的观点。在后续经经济学者的继续努力下，创建了"新经济地理学"（New Economic Geography）。尤其是克鲁格曼（1991）关于空间经济学的开创性工作，构建了地理因素与经济贸易的桥梁。在藤田昌久、克鲁格曼等人合著的《空间经济学——城市、区域与国际贸易》中，构建了具有融入空间因素的经济研究框架（Fujita et al.，1999）。但这些研究通常考虑的是区位作为一个变量对于经济发展的影响，并未具体、全面地考虑如地形、基础设施等空间要素的影响，并且并未专门对贫困展开研究。

1997年起，世界银行发展研究小组（The World Bank Development Research Group）的雅兰（J.Jalan）和瑞福林（M.Ravallion）等人相继发表一系列的工作论文，提出了"空间贫困陷阱"（Spatial Poverty Traps，SPT）或"地理贫困陷阱"（Geography Poverty Traps）概念，认为是空间因素或地理因素导致了贫困现象的"陷阱"。文章一经发表，立即引起了世界银行、联合国粮农组织以及其他众多专家引用，对"空间贫困"的研究起到了开创性的作用。瑞福林和沃登（Ravallion & Wodon，1997）在《是贫穷区域，还是贫穷人群》（Poor Areas，Or Only Poor People？）一文中，针对当时关于贫困治理措施应面向贫困区域还是直接面向"贫困人头"的争论，通过他们在孟加拉的住户调查的数据，证明贫困存在空间聚集的情况，并且与该地的空间因素存在显性或隐性的联系。简而言之，人们居住在哪就很大程度上决定着其贫困程度。因此，贫困治理还是应该采取更多区域性的扶贫措施，而非直接补贴至"贫困人头"。随后，雅兰和瑞福林（Jalan & Ravallion，1997，2002）以他们在中国等地的调研数据为基础，通过构建微观回归模型，发现由一系列空间因素构成的地理资本（Geography Capital），对于农民家庭消费增长情况有显著的影响。认为地理资本与物质资本、社会资本同等重要，在理论上丰富了贫困的产生机理，提高了贫困理论的解释能力。随后的研究主要朝两个方向展开：

首先是评估贫困在空间上的分布情况，绘制贫困地图（Poverty Map）。世界银行与联合国粮农组织的专家结合 GIS，对贫困的空间分布情况展开了研究。根据 2007 年出版的《More than a pretty picture: using poverty maps to design better policies and interventions》，世界银行的专家通过对家庭收入与家庭消费进行估计，借助于官方统计数据与调查数据，将贫困的分布情况绘制于地图上（World Bank，2007），该书对云南省在分县与分乡镇两个层级对贫困的空间分布情况进行了研究，发现贫困更多地呈现出聚集于某些特定区域的情况。

其次是考察空间因素对于贫困的关联情况。经过多位学者的研究（Burke & Jayne，2008；Bird *et al.*，2007；CPRC，2005），概括出空间贫困有四大基本特征：（1）偏远与距离；（2）贫乏的农业生态与气候条件；（3）脆弱的经济整合；（4）缺乏政治性优惠[①]。四大特征分别对应区位、生态、经济、政治四大方面。同时，还列出了道路基础设施、教育基础设施、土地、降雨量、执政思路等方面的具体衡量指标（表 2-3）。

空间贫困的基本特征与主要衡量指标　　　　　　　　　　　　　表 2-3

基本特征	主要衡量指标
区位劣势	村庄到基础设施的距离，教育的可获得性
生态劣势	土地的可利用性和质量，雨量线及其变化性
经济劣势	与市场的连通性（包括自然连通——如到最近农资市场的距离，人为连通——如财政、进入市场的机会成本）
政治劣势	与执政党发展思路是否相同，是否被认为投资低回报

来源：根据 Burke & Jayne（2008），Bird *et al.*（2007）等相关内容整理，转引自陈全功等（2010）。

---

① 转引自：陈全功，程蹊．2010．空间贫困及其政策含义 [J]．贵州社会科学，（08）：87-92

（3）贫困空间治理：规划及其他

由于贫困呈现出与空间紧密相关的区域聚集特点，区域发展相应地就成为我国的贫困治理的重要手段，通过改善贫困区域基础设施、发展以当地资源为基础的地方企业等治理手段促进贫困现象的缓解（张巍，2008）。但同时，也有部分学者（朱玲，1996；张新伟，1998；段庆林，2001）认为这一制度安排并不能全面地"瞄准"贫困人口与贫困需求，制度目标与实施过程出现了"异化"现象，因而具有"制度缺陷"，相应地，以个体贫困为主要瞄准对象的小额信贷、参与式社区扶贫等制度创新涌现出来并发挥一定作用。

当前，"规划不再仅仅被当作政府的管治手段，而已经成为一个以更加宜居的城市为中心目标的政治行动。"（Douglass & Friedmann，1988）既然可以通过空间的生产形成"贫困"，那么通过空间的治理改变空间结构，从而改变空间生产的方向，因而实现"贫困的消解"。

有目的的空间布局引导与基础设施建设，以及服务于此的制度架构，能够有效地改变空间生产的布局，"改变区域经济地理的地形"，从而改变经济生产各要素的流动、聚集方向。

通过十余年的发展，"空间贫困理论"以及"空间资本（或地理资本）论"建构了一条由贫困的空间聚集现象出发，分析形成贫困的空间因素，进而寻求贫困治理的空间路径的方法。迄今，空间贫困理论仍在发展之中，同时也存在一定的不足，如空间对贫困的影响范畴难以确定，如何涵盖经济、社会各因素施加于空间之后对贫困产生影响等。亟须确定一个全面、兼具开放性的理论系统，对贫困做出进一步的解释。

2.1.3 贵州的贫困问题

20 世纪 80 年代，贵州的贫困问题就引起了学界的关注。王小强等（1986）注意到贵州优良的资源条件与突出的贫困现象，认为"闭塞的自然环境导致落后的基础结构，落后的基础结构导致社会—经济结构具有很强的传统性，进而导致人的素质低下，人的素质低下又降低了资源的开发利用水平，资源开发利用水平低又反过来阻碍了社会—经济结构的变迁。"由此形成"富饶的贫穷"。90 年代，由胡鞍钢等多位专家组成的"中国科学院国情分析小组"多次赴贵州调研，胡鞍钢将这一现象定义为"贵州现象"，并引起社会、学界以及高层领导的广泛关注。胡鞍钢认为"贵州现象"的主要特征是人均 GDP 水平极低，且长期居于全国后列，其产生原因主要表现为：（1）恶劣的自然地理环境；（2）人口规模大以及快速增长；（3）经济结构十分落后，起点较低；（4）人均投资额较低，国家对贵州的投资比例一直偏低；（5）贵州人均储蓄和人均财政收入水平十分低下；（6）其他的制度障碍与观念差异（胡鞍钢，1995）。到了新世纪，仍有大量学者（杨军昌 等，2002；彭贤伟，2003）继续深入研究贵州的贫困问题的成因。2012 年《国务院关于进一步促进贵州经济社会又好又快发展的若干意见》认为：贵州的发展存在"交通基础设施薄弱、工程性缺水严重和生态环境脆弱等瓶颈制约"，存在"产业结构单一、城乡差距较大、社会事业发展滞后等问题和困难"（国务院，2012）。

在研究贵州贫困产生的单方面因素上，韩昭庆（2006）从历史的角度论述了大开发与人口快速增长对地方生态造成的突出影响，认为清朝早期的人口增殖与大力开发，改变了贵州各地人口与土地的相对平衡，破坏了脆弱的生态环境，因而进一步导致大量人口的贫困。

贵州财经大学成立"欠发达地区经济发展研究中心"，陆续出版 3 辑《欠发达地区经济发展研究》，其中多篇文章主要从经济发展的角度分析贵州贫穷产生的原因及对策。

苏维词（2000），但文红（2011）等从贵州的自然地理条件出发，研究分析贵州喀斯特地形，认为贵州脆弱的生态环境和石漠化等自然地理因素是导致贫困的主要原因。而在导致石漠化现象的原因中，人口压力较大形成干扰又占据主要因素（贵州省林业厅，2012）。苏维词等（2012）认为贵州地面起伏过大对于贵州农村的发展存在极为不利的影响，李旭东等（2007）研究了人口分布与自然环境之间的关系。这些研究揭示出贵州地区的"人地关系紧张"对于贫困产生的突出影响。

肖先治等（1999），王育春（2007），卢云辉（2009）等从城镇发展的角度分析贫困产生的原因，认为城镇发展滞后、城镇密度低、城镇化率低等因素影响了地区的发展与贫困的降低。

在扶贫开发政策实行多年之后，部分学者（张美涛，2008；刘流，2008；王永平 等，2008；叶初升 等，2011；张遵东 等，2011）开始对扶贫开发的种种政策在贵州获得的成效展开实证分析，认为无论是整体政策，还是在乡村旅游扶贫、公共服务资金、产业扶贫、易地搬迁扶贫等方面政策，扶贫开发政策都取得了较大的成效，但同时也存在一定的局限性。

2.2　当前贵州县域治理政策与空间手段

针对贫困这一突出问题，国家与地方纷纷出台政策进行治理。县域层面是承接中央与省地各项政策、主导贫困治理的基本单元。县域形成了"三农"、"扶贫开发"与"城镇化"政策协同作用的政策体系，并通过危旧房改造、村庄整治、小城镇建设、工业园区建设等空间手段加以实施。

2.2.1 "扶贫开发"政策的五个阶段

以 1978 年中共第十一届三中全会召开和 1979 年通过《中共中央关于加强农业发展若干问题的决定》为标志，我国开启了制度改革与经济发展的历程，在此基础上，我国农村贫困问题与贫困的治理也摆在了全国人民和政策制定者面前。在此后的 30 余年时间里，我国贫困治理大致经历了体制改革与救济性扶贫（1978-1985 年）、大规模开发式扶贫（1986-1993 年）、扶贫攻坚（1994-2000 年）、全面解决温饱问题、巩固温饱成果的综合扶贫开发（2001-2010 年）以及全面建成小康社会综合扶贫开发（2011 年至今）五个阶段。

2.2.1.1 1978–1985 年，体制改革与救济性扶贫阶段

1978 年建立以农户为单位的家庭联产承包责任制开启了中国农村改革的序幕。这一制度重新建立了农户与生产资料的紧密联系，极大地激发了农民的积极性，释放出巨大的活力。在此阶段，中国农民收入大幅提高，大部分农民开始摆脱物质贫困面貌。针对部分处于极贫状态的农民，国家通常采取救济式与直接补贴的方式进行扶助。

1982 年，针对贫困集中发生的定西等甘肃中部干旱地区、河西地区、宁夏西海固地区（"三西"地区）国家着手制定"扶贫计划"，进行"综合经济开发"。并在 1984 年 9 月 29 日，由中共中央、国务院正式发出《关于帮助贫困地区尽快改变面貌的通知》，首次提出在"贫困地区"进行综合经济开发的治理思想与行动措施，由此贫困地区治理工作由试点推向全国。

这一阶段是我国经历经济体制深刻变化的阶段，不仅为中国之后 30 余年的经济高速增长奠定了坚实基础，也因为农村生产力的极大释放成为本阶段农村经济高速度增长与贫困人口现象大幅缓解的关键原因。英国《经济学家》杂志（The Economist）1992 年曾撰文指出：1978 年中国绝对贫困人口有 2 亿 ~2.7 亿，而到本阶段末，当农村经济体制改革基本完成的时候，绝对贫困人口已下降至 1 亿左右（转引自赵曦，2009）。

2.2.1.2 1986–1993 年，大规模开发式扶贫阶段

1986 年，国务院成立专门机构——贫困地区经济开发领导小组（后改为扶贫开发领导小组），确定了贫困县的设定标准并首批划定 258 个国家级贫困县 [①]，确立了开发式扶贫的基本方针，农村扶贫开发工作有了体制和机制的保证，进入了大规模开发式扶贫阶段。

---

① 来源：新华网，http://news.xinhuanet.com/politics/2011-09/30/c_122109222.htm

本阶段确立了区域性贫困治理的路线，安排专项资金，制订专门针对贫困地区的政策措施，开发项目向资源条件较好的贫困地区倾斜，通过区域发展带动贫困人口的减少。1986 年，我国农村贫困人口还有 1.25 亿，经过这一阶段，1993 年底降至 8000 万人。

2.2.1.3　1994-2000 年，扶贫攻坚阶段

1994 年国务院颁布《国家八七扶贫攻坚计划》，"计划"提出在 20 世纪末基本解决 8000 万农村绝对贫困人口的吃饭问题，基本达到温饱。这是我国第一个贫困治理的纲领性文件，我国贫困治理进入了扶贫攻坚阶段。

本阶段，贫困治理措施除了为贫困农户大力创造条件提高收入之外，还在区域扶贫措施上大做文章，确定了 592 个国家级贫困县，向这些区域倾斜大量资金与项目，着力改善贫困地区的道路、饮水、供电问题，为贫困地区发展奠定基础设施条件。在贫困地区大力普及九年义务制教育和开展成人劳动培训，着力提高劳动者素质。2000 年底，我国农村绝对贫困人口继续降低至 3209 万，农村贫困现象得到较大缓解，绝大部分人口的温饱问题得到基本解决。

2.2.1.4　2001-2010 年，全面解决温饱问题、巩固温饱成果的综合扶贫开发阶段

新世纪伊始，我国农村贫困开始从普遍性、区域性和绝对性贫困向点状分布和相对贫困转变。我国于 2001 年发布《中国农村扶贫开发纲要 2001-2010》，将国家贫困治理事业推向了全新阶段。纲要把尚未解决温饱问题的贫困人口列为主要对象，同时进一步巩固刚刚进入温饱阶段的脆弱人口收入水平，巩固温饱成果。

这一阶段，国家继续坚持区域扶贫的方针，延续 1994 年《八七扶贫攻坚计划》中划定的 592 个国家级贫困县（改名为国家扶贫开发工作重点县），大力改善贫困地区基础设施水平、出台包括"西部大开发"战略在内的一批区域发展战略，坚持以区域发展带动扶贫开发。同时，在全国范围内确定了 14.81 万个重点贫困村，进行贫困治理整村推进工程，建立农村社会保障制度，消除绝对贫困。建立点—线—面结合的贫困治理政策覆盖体系。在贫困标准不断提高的基础上，贫困人口继续减少至 2010 年的 2688 万人（以 1274 元为标准）。

2.2.1.5　2011 年至今，全面建成小康社会综合扶贫开发阶段

2011 年，国家发布《中国农村扶贫开发纲要 2011-2020》，确定了涵盖 679 个县级行政单元的 14 个集中连片特困区，提出实现贫困对象不愁吃、穿，并由国家保障其教育、医疗与住房，对贫困地区与贫困人群的农业生产、产业发展、

饮水、用电、交通、住房、教育、医疗、文化与社会保障等方面制订了全面的治理目标，构建了专项扶贫、行业扶贫与社会扶贫的多层次政策体系。2012年党的十八大报告提出"全面建成小康社会"，为贫困治理提出了更具挑战性的目标，我国贫困治理进入全新阶段。

2.2.2 贵州县域以贫困治理为核心的政策体系

2.2.2.1 国家确定"全国扶贫开发攻坚示范区"的战略定位

贵州作为贫困人口最为聚集的典型欠发达地区，贫穷和落后是贵州面临的最大问题与挑战。消除贫困现象及其产生机制，尽快实现富裕，是在全国层面全面建成小康社会的关键环节，也是西部欠发达地区与全国缩小差距的重要标志。因此，为促进贵州地方经济又好又快发展，扭转与全国水平差距不断扩大的趋势，加快脱贫致富步伐，2012年国务院出台《国务院关于进一步促进贵州经济社会又好又快发展的若干意见》（国发〔2012〕2号）将贵州确定为"扶贫开发攻坚示范区"，文件强调了区域发展与扶贫开发的相互促进作用，指出贵州要以集中连片贫困地区为主要战场，全力推进贫困治理各项政策的贯彻执行与机制创新。在此基础上，贵州提出"举全省之力总攻贫困"，贵州省贫困治理进入全面攻坚的历史阶段。

贵州省2013年出台《贵州省扶贫开发条例》，从制度上确保扶贫开发各项政策的出台与执行。扶贫开发"是指国家机关和社会各界通过政策、资金、物资和智力支持等帮助贫困地区和扶贫对象增强发展能力，实现脱贫致富的活动。"[1]

2.2.2.2 发展县域经济、强化县级职权，推进扩权强县

在"八七扶贫攻坚计划"中，贵州省共有48个县列入全国贫困县名单，后于2001年增加至50个，占贵州省88个县级行政单位的近2/3，县域一直是贵州各项贫困治理政策的主战场。所以一直注重县在区域发展与贫困治理中的作用，自20世纪90年代起，陆续出台发展县域经济，强化县级职权的政策，推进省直管县、扩权强县。希望以县级经济发展与社会治理水平的提升，来带动当地贫困人口的脱贫致富，推进贫困治理进程（表2-4）。

---

[1] 贵州省扶贫开发条例 [Z]. 2013-01-18经人大常委会通过,2013-03-01施行。来源自贵州省人民政府网站：http://www.gzgov.gov.cn/xxgk/gzxw/76353.shtml

贵州省发展县域经济、强化县级职权的政策文件　　　　　表2-4

时间	主要政策	来源文件
1995年	提出县域经济发展"统筹规划、分类指导"总体设想，全省各县分为四类，提出发展具体目标与重点方向	《关于加快县域经济发展的决定》（省发〔1995〕24号）
	对32个"周边县"下放、放宽11项项目审批等权限	《关于扩大周边县若干管理权限的意见》（省发〔1995〕30号）
	设立10个试点县，扩大县级自主权，增强县域经济发展能力	《关于推进县级综合改革试点工作的通知》（黔府发〔1995〕51号）
1996年	明确增强县级财政实力的多项措施	《关于加快经济发展进一步做好财政工作的意见》（省发〔1996〕2号）
1998年	加快以县城为重点的小城镇建设	《关于进一步加快小城镇建设的若干规定》（省发〔1998〕3号）
1999年	以进一步放宽县级经济管理权限的原则，实施"非均衡推进"，成立省建设经济强县领导小组。积极建设20个经济强县，在计划、劳动工资、人事、工商、资金等方面赋予地级管理权限，赋予在外商投资、机构设置等方面的一定自主权	《关于建设经济强县的实施意见》（省发〔1999〕8号）
2000年	提出在2010年将贵州省1/3的县建设成为经济强县的目标	《关于实施西部大开发战略的初步意见》（黔党发〔2000〕9号）
2004年	在经济管理权限、项目建设、内外开放、财政、金融、领导班子与干部队伍建设方面给予进一步支持	《关于进一步推进经济强县建设的意见》（黔党发〔2004〕6号）
2012年	因地制宜，分类指导，发展特色县域经济。加快推进新型工业化、城镇化、农业现代化，改善县域发展基础条件，创新基层管理。加大财政支持、金融支持、用地保障、简政放权、人才科技支撑等方面的支持	《关于进一步加快发展县域经济的意见》（黔党发〔2012〕4号）
	明确全省42个县实施省直管县财政改革。并通过一段时间的实施，实现全省除市辖区与自治州州府所在市以外的所有县（市）全部纳入省直管县财政改革范围	《关于进一步完善省直接管理县财政改革的通知》（黔府发〔2012〕35号）
	根据"依法依规、能放则放、权责统一、规范管理、促进发展"的原则，赋予更大经济管理权限，经济管理原则上由省直接对县	《关于扩大县（市、特区）经济管理权限的通知》（黔党办发〔2012〕1号）
	扩大经济管理权限，强化经济社会发展权力，减少管理层级事项，省县间直接进行资金申报与资金下达	《省人民政府办公厅关于进一步推进扩权强县工作的实施意见》（黔府办发〔2012〕24号）

来源：笔者根据各级政府公开资料整理

2.2.2.3　确定以县为单元推进"全面建成小康社会"

按照"区域发展带动扶贫开发、扶贫开发促进区域发展"的指导思路，区域发展在贫困治理中起到至关重要的作用，以往的经验也证明针对贫困现象比较集中的区域进行的区域结构性扶贫取得了突出的成效。贵州的事实情况表明经济社会发展、贫困现象消减最艰巨繁重的任务在农村，更在广大县域地区的农村。因此，县在贵州的贫困治理中举足轻重。此前，在贫困治理的实践中，贵州提出了"县为单位、整合资金、整村推进、连片开发"的指导思想。

2013年1月，贵州省发布《关于以县为单位开展同步小康创建活动的实施意见》[①]，明确了在贫困治理过程中县的基本单元与行为主体的作用。通过扩大县一级的经济社会管理权限，增强县级政府统筹协调资源的能力，通过县域范围的优化发展空间，加强县域基础设施建设投入与文化教育投入，增强县域发挥各项功能的能力，增强县域发展活力，以此带动县域人民生产水平与生活水平提升，大幅提高农民人均收入水平，降低贫困发生。以此基本消除贫困的发生，促进全面小康伟大目标的达成。

贵州还明确以县为单位提出了 2020 年全面建成小康社会的三项核心指标："人均生产总值达到 5000 美元以上，城镇居民人均可支配收入达到 3000 美元，农民人均纯收入达到 1000 美元。"[②]

2.2.2.4 以贫困问题为核心的县域治理体系

贵州各县域在县域治理中，以贫困问题为核心，将农业政策、区域政策、城镇化政策结合，将经济开发与区域发展结合。围绕城乡统筹与减贫增收两大主要任务，形成了涵盖多个领域、相互联系的整体的县域治理体系。扩展至县域经济发展、城镇化、城乡统筹等多个层面；专项扶贫、行业扶贫、社会扶贫结合，政府主导，社会合力；经济、社会、文化多层面结合，综合治理，全面发展；并且采取了一系列的空间手段加以实施（图 2-4）。

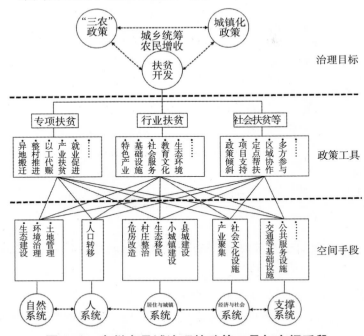

图 2-4 贵州省县域治理的政策工具与空间手段

来源：笔者自绘

① 中共贵州省委贵州省人民政府关于以县为单位开展同步小康创建活动的实施意见 [Z]. 2013-01-12
② 来源：新华网报道《贵州用"三个核心指标"引领同步发展、均衡发展》，http://news.xinhuanet.com/politics/2012-11/28/c_113836760.htm，引用时间 2013-02-18。

2.2.3　贵州县域以贫困治理为核心的空间手段

县域治理各项政策往往需要在空间层面加以落实，当前，"三农"政策、"扶贫开发"政策以及"城镇化"政策等共同作用，通过空间层面的生态建设与环境治理、生态移民搬迁、危房改造、村庄整治、小城镇建设、工业园区建设、基础设施建设等手段，共同形成了当前贵州县域的治理体系。

2.2.3.1　农村危房改造

居住问题是人类生存发展最为基本的问题，但由于多种因素制约，贵州县域农村部分农户的居住条件十分简陋，住房问题是最为迫切需要解决的问题之一。据 2008 年初的调查，贵州省内各类农村危房总计 192.48 万户，占到全部农户的 23.16%（表 2-5）。

2008 年贵州省农村危房数量 表 2-5

	重度危房	中度危房	轻度危房	地质灾害危房	总计
数量	78.24 万户	59.21 万户	45.23 万户	9.80 万户	192.48 万户
占全部农户比例	9.4%	7.1%	5.4%	1.2%	23.16%

来源：《中共贵州省委贵州省人民政府关于全面启动实施农村危房改造工程的决定》（黔党发〔2009〕5 号），2009-02-25

针对部分农户最基本的居住问题，作为全国的试点省份，贵州省于 2008 年开始启动农村危房改造试点工作，计划 2008-2014 年，对全省全部 192.48 万户农村危房全部进行改造。对农村危房改造主要采取政府资金补助方式。经过认定后的危房，采取分级补助方式，分别补助 0.2 万 ~2 万元[1]，同时还通过提供施工图集、提供施工材料、组织群众投工投劳等方式，改善农户最基本的居住状况（图 2-5）。

以赫章县为例，据 2010 年统计全县共有农村危房 43421 户，占全县农村总户数的 28.85%。2009 年、2010 年、2011 年三年分别实施危改工程 4724、8423、8078 户。危房改造对象根据房屋状态分为一、二、三级，根据危房所属家庭的收入情况分为五保户、低保户、困难户、一般户四个等级，财政分别给予不同的资金补助。最高等级的补助资金达到了 2 万 ~2.5 万元，基本能够保证在当地新建一座小型住宅，满足基本需要。

---

[1] 如根据 2009 年贵州省住房和城乡建设厅《贵州省农村危房改造工程 2009 年度实施方案》（黔危改办通〔2009〕15 号），各项危房的补助标准如下：（1）五保户危房重建或维修：五保户一级危房，户均补助 2 万元；五保户二级危房，户均补助 0.5 万元；五保户三级危房，户均补助 0.3 万元。（2）低保户一级危房，户均补助 2 万元。（3）困难户一级危房，户均补助 1 万元。（4）一般户一级危房，户均补助 0.5 万元。（5）地质灾害危及点危房户，户均补助 2 万元。（6）结合村寨整治实施危房改造的其他类别（低保户、困难户、一般户）二级危房，户均补助 0.3 万元。（7）结合村寨整治实施危房改造的其他类别（低保户、困难户、一般户）三级危房，户均补助 0.2 万元。这一标准在 2011 年还进一步调整提高。

图 2-5 黔西县农村危房改造前后对比
来源：贵州省农村危房改造工程领导小组办公室提供

赫章县危房改造过程主要采取四种方式：（1）原址重建，这是农村危房改造最主要的方式。通过政府引导，住户按照《毕节试验区生态文明家园图集》、《补充图集》或体现当地的地域风情和民族特色的民居设计图重建；（2）相对集中重建，针对部分分布分散、配套基础设施难度大或者地质情况不利的危房，在有条件、有能力的乡（镇）与村庄，采取相对集中重建的方式；（3）结合村寨整治实施危房改造，以村寨整治带动农村危房改造，加强基础设施建设及村容环境整治，使农村人居环境得以改善，农民生活水平得到提高；（4）局部改造，对二、三级危房采取对局部构件进行修缮或更换的方式进行改造。

赫章县预计于 2014 年全面完成所有 4 万余户农村危房的改造工作，全面保障农村最低收入阶层的住房需求，大量改善农民居住质量。

2.2.3.2 村庄整治

为了改善农村最基本的生产生活条件和人居环境，作为新农村建设的主要内容，贵州省于 2006 年大力开展社会主义新农村村庄整治工作，截至 2012 年，贵州省全省已在 8000 余个行政村范围内建成新农村示范点 1.5 万个[1]。经过整治的村庄，人居环境得到较大改善，"山长青，水长流，红果绿树满山头，公路修到寨门口，自来水院内哗哗流，闭路电视安装起，茅草屋变成吊脚楼。"[2]

村庄整治的主要内容有：（1）基础设施与公共服务设施，包括通村公路、水、电、通信等公共基础设施与托儿所、卫生室、村活动用房等公共服务设施；（2）环卫设施，包括污水收集处理、垃圾收集清运、公共厕所等；（3）防灾减灾设施，包括农危房加固、地质险情排除等；（4）环境面貌治理，包括提倡畜禽养殖集中化、清理私搭乱建、公共活动场所绿化美化、村内物质文化建筑与场所保存等。

湄潭县兴隆镇田家沟是通过村庄整治工作大幅提升人居环境品质的典型。田家沟位于湄潭县"湄潭翠芽"茶叶主产区的兴隆镇境内，共有 42 户、216 人。

---

① 来源：李广平．贵州已建成新农村示范点 1.5 万个，覆盖 8000 个行政村 [N]．贵州日报，2012-08-14．
② 来源：余庆县白泥镇满溪村罗家坡村民组新民谣。

田家沟原貌 　　　　　　　　　　田家沟现貌

农家 　　　　　　　　　　村容村貌与公共活动场所

图 2-6 　湄潭县兴隆镇田家沟村庄整治的成效
来源：左上图为当地提供，其余为笔者拍摄

2000 年农民人均纯收入仅 800 元，村庄基础设施落后，道路颠簸难行、用水用电均无保障，村内房屋也破败不堪。在创建黔北地区新农村建设示范点的过程中，整合上级拨付大量资金进行村庄整治，逐步修建或完善进村道路、串户路、机耕道、垃圾收集池、污水生物处理设施、农民文化广场、农家书屋文化站等基础设施与公共服务设施；改造村内危房旧房，按照黔北民居特点新建改建农户住宅；创造村庄良好环境景观，改造村前鱼塘为景观生态水池、开展农户院落绿化美化活动等。通过一系列的整治措施，村庄环境品质大为提升，同时也带动了农户旅游、茶叶种植的发展，2010 年人均收入已达到 8000 元。其经验已作为全国新农村建设示范点加以推广（图 2-6）。

　　总体而言，新农村建设村庄整治工作能大幅改善实施村庄的生产生活设施水平，能大幅提高村庄人居环境水平，同时也能对提高农民收入、消减贫困现象起到十分积极的作用。但是，因为资金投入有限，村庄整治工作难以全面推广，在一定程度上存在"试点村吃肉、推广村喝汤、一般村泪汪汪"的现象。

2.2.3.3 扶贫生态移民

　　贵州大部分县域具有山高谷深、地形复杂、耕地承载能力弱的特点，部分农村住户居住于深山、石山以及生态敏感地区，基本生产生活条件极为恶劣，基本不具备脱贫与发展的基础条件，并且居住分散、基础设施覆盖难度极大。为了彻底解决这部分农户的生存发展难题，贵州各县陆续进行扶贫易地搬迁。经过多年实践取得积极成效，因此，贵州省政府于 2012 年宣布启动扶贫生态移民工程，将在 2012 年 ~2020 年的 9 年时间内，将 200 万贫困群众搬迁至新安置点[①]。扶贫移

---

① 来源：袁小娟．2012.贵州启动扶贫生态移民工程，200 万贫困群众将搬出深山．贵州日报 [N]，2012-08-14.

民安置点主要位于集镇与产业区内，保证移民能够具有相应发展平台。

如荔波县朝阳镇田洞村有 51 户农户原居住地极为分散，位于山高坡陡、耕作条件较差、基础设施覆盖难度极大的地区。为了改善农户生产生活水平，2004 年起，荔波县决策将其易地搬迁至朝阳镇镇区。无偿在镇农贸市场附近为住户规划建设用地，提供建房补贴资金，修建道路、水、电等基础设施，并为迁入农民创造就业条件，如每户均有一定面积的经营用房，提供就业培训等。积极创造条件，使搬迁农民"搬得出、留得住、能就业、有保障"（图 2-7）。

图 2-7　荔波县朝阳镇易地移民扶贫搬迁项目
来源：笔者自摄

2.2.3.4　县城与小城镇建设

县城以及县域内小城镇在发挥集聚效应、吸纳劳动力就业、带动县域发展上的作用愈发凸显。因此，各县纷纷将推进城镇化、积极发展县城与小城镇建设作为带动农村发展、消减贫困现象的重要空间手段。在笔者调研的各县中，县城以及部分具备发展条件的小城镇在最近几年都处于高速发展时期，纷纷通过城镇扩容、加强基础设施建设、吸纳产业进入等方式提高城镇带动发展能力。贵州省根据相关文件（如 2012 年的《关于加快推进小城镇建设的意见》等），确定了 100 个重点小城镇进行重点建设[1]。

与城镇发展相同步，各县也纷纷加强了工业区、产业园的建设，根据地区特色，积极建设工业与产业园区，吸纳产业入驻，提高经济发展能力与劳动力吸纳能力。工业与产业园区往往位于县城或发展条件较好的镇区周边，同时往往靠近高速公路出入口与高速铁路站点，具备较好的交通条件。

以修文县扎佐镇为例，扎佐镇位于贵阳市北侧，"兰海高速公路"、"川黔铁路"等跨境而过，具备较好的区位条件。近年，扎佐镇大力加强城镇建设水平，积极吸纳人口入驻城镇，同时，在镇区周边交通便捷处设立产业园区，积极吸

① 来源：王橙澄，熊俊. 贵州将试点打造 100 个特色小城镇 [EB/OL]. 新华网贵州频道，http://www.gz.xinhuanet.com/2012-08/15/c_112737470.htm，2012-08-15.

纳工厂入驻，承接产业转移。镇区面积与人口都有较大规模的增长，吸引了镇域内大批农民入镇就业、居住（图 2-8）。

图 2-8　修文县扎佐镇小城镇与产业园建设
来源：笔者自摄

2.2.3.5　交通设施、公共服务等支撑体系

交通基础设施一直是贵州各县发展的瓶颈。为改变这一现状，贵州陆续投入建设通往广州、长沙、昆明、成都、重庆的快速铁路与高速公路，大力加强沿途各县的对外连接能力。同时，贵州提出在 2015 年基本实现"县县通高速公路"目标，这将极大改善贵州各县域的对外交通能力，改变原有闭塞的状况，县域发展将大幅度地纳入到大范围的物流、人流、信息流网络中。同时，各县也积极改善县域内道路基础设施，兴建乡镇道路与入村道路，有的县提出"县域一小时交通圈"等建设目标。

此外，国家以及各级政府纷纷加大投入，着力改善县域各项基础设施，如 1998 年开始实施"村村通"农村广播电视工程，每年由国家、省、市、县多级配套资金，结合农民居住地高度分散的情况，创新出"5~10 户接收单元"等模式，至 2005 年实现已通电的行政村和 50 户以上自然村通广播电视，并在近年进一步加大投入，提高覆盖率 [①]。

2.2.3.6　大事件与重大建设

重大事件往往能够对当地建设带来极大促进作用，进而能大幅改善县域生产生活条件。2008 年第三届贵州省旅游发展大会在雷山县西江镇召开，围绕大会的举办，西江镇在各级财政以及自筹资金的支持下，进行了一系列的空间建设，短时间内极大地改善了当地的基础设施条件与物质环境水平，构成当地独特地方文化的空间载体与宣传平台，改善旅游接待水平，极大地促进了地方的发展和农民收入的提高（图 2-9）。

---

① 来源：贵州省广播电影电视局．2010. 贵州省广播电视"村村通"工程研究 [A]// 雷厚礼，王兴骥．贵州社会发展报告（2010）[M]．北京：社会科学文献出版社：124-139.

图 2-9　旅游发展大会之后人居环境水平大幅提升的西江镇
来源：笔者自摄

为迎接旅游发展大会的举办，雷山县集中在西江镇附近兴建了若干重大工程：（1）道路交通方面，包括西江旅游环线公路、对外旅游公路、村寨间旅游步道、农业观光步道、河滨步道；（2）工程性基础设施方面，包括公厕、河道疏浚、饮水与消防工程；（3）旅游与文化设施方面，包括主广场、观景台、风雨桥、旅游宾馆、博物馆、文化陈列室等工程；（4）环境景观方面，包括河道景观建设、灯光系统工程、村寨整体绿化美化工程、步行街街景整治等大小共计 40 余项。在保持原有聚落布局形态、建筑风貌与文化特色的基础之上，极大提升了西江镇的整体风貌与文化吸引力。

在科学合理规划的基础上，通过重大事件带动重大建设，为促进地区发展、提高农民收入、消减农村贫困提供了很好的空间支撑条件。西江镇在举办旅游发展大会前后，人居环境水平与空间支撑能力有了较大的提升，游客数量、旅游综合收入均有了跨越式的增长，2008 年，游客数量比上年增长了近 6 倍，旅游收入则增长了近 23 倍（表 2-6、图 2-10）。在此情况下，农民人均纯收入在此后进入了 10% 以上的快速增长阶段，西江镇已经成为整个雷山县乃至黔东南地区农民收入最高的乡镇之一。

雷山县西江苗寨游客数量、旅游综合收入、农民人均纯收入情况（2000-2010 年）　表 2-6

	游客数量（万人次）	比上年增长（%）	旅游综合收入（万元）	比上年增长（%）	农民人均纯收入（元）	比上年增长（%）
2000 年	0.76	—	17	—	664	—
2001 年	0.8	5.3	20	17.6	753	13.4
2002 年	0.86	7.5	20	0.0	1029	36.7
2003 年	0.92	7.0	23	15.0	1300	26.3

	游客数量（万人次）	比上年增长（%）	旅游综合收入（万元）	比上年增长（%）	农民人均纯收入（元）	比上年增长（%）
2004 年	1.16	26.1	30	30.4	1410	8.5
2005 年	1.35	16.4	33	10.0	1512	7.2
2006 年	6.8	403.7	544	1548.5	1550	2.5
2007 年	11.5	69.1	576	5.9	1662	7.2
2008 年	77.7	575.7	13675	2274.1	1850	11.3
2009 年	78.4	0.9	17958	31.3	2510	35.7
2010 年	90.2	15.1	28725	60.0	2880	14.7

数据来源：雷山县政府办，亦见于张遵东等（2011）

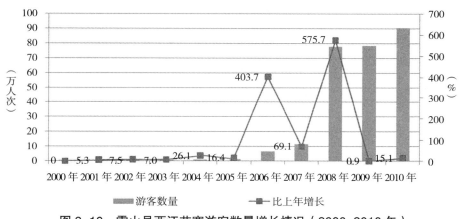

图 2-10　雷山县西江苗寨游客数量增长情况（2000-2010 年）
数据来源：雷山县政府办，亦见于张遵东等（2011）

此外，县域治理的空间手段还有生态环境建设、文化设施建设等方面，它们共同构成了县域治理的空间基础。

2.2.4　问题与思考

县域层面的治理与人居环境建设仍然存在条块分割，相关政策措施缺乏强有力的空间整合落实平台等问题。

一方面是"条条"造成的分割。各项政策、经费、项目在农村地区落实往往分散于各职能部门，缺乏统筹。据统计，目前全国有近 20 个部委级机构在列出的 120 余项工程与计划中对"三农领域"有投入（中国社会科学院农村发展研究所等，2010），支农资金除了财政部的专项投入之外，还有农业部、国家林业局、水利部、住房和城乡建设部、科技部、教育部、卫生部等多个部门各项专项经费，而各个部门在县级甚至乡镇基层都有相应的职能部门负责资金的落实，缺乏整体的基层资金使用安排。另一方面是"块块"的不同层级间缺乏协调造成的低效率。由于农村地区行为主体非常多元，政策制定与项目安排、资金发放涉及农民个人、村集体、乡镇、县等多个层级，层级与层级间的政策受益主体、项目安排、资金使用等方面缺乏整体安排，还有可能形成相互竞争、重复申报等情况，并未实现应有的效率。源出多头，去向也很分散，"条"与"块"都没有一个整合后的作用主体，在空间上缺乏一个强有力的整合落实平台，不仅影响使用的综合效率，更重要的是难以形成对该农村地区整体的、清晰的、准确的认识，更难以据此形成对农村基层治理的合力。

　　针对这些问题，需要在治理机制的整合、治理项目的整合以及构建县域整体空间战略方面做出创新。强化县的基层治理主体地位，推进县域内各层次、各部门之间的相互协调。在多个项目间进行整合与重分配，从"撒胡椒面"式的项目分配改革为促进"项目打捆"、充分发挥综合作用。同时，深入分析县域整体发展的现状、趋势与目标，形成整体的县域空间发展战略与路径。

2.3　我国古代县域人居环境建设传统

　　所谓"治国无法则乱"[①]，其中，空间治理是"法"的重要方面，中华文明之所以延绵至今，空间治理是至关重要的保障。在空间治理过程中，人居环境及其相关的制度设计以其整体的思考，关系着整个国家社会、经济、文化各方面在空间上的实现，维系着中华文明的延续，这是中国古代人居环境发展所揭示的独特的战略价值。因此，中国古代人居环境实具有超越原本物质环境的意义。这种经世致用的技术，流传下来成为文化，具有"资治通鉴"的作用，即将人居环境学术提到国家政策、治国方针的高度来认识，作为治国安邦之保障。

　　在基层空间治理方面，秦帝国在全国范围内确立郡县制之后，"中央+郡县"之制成为国家之整体架构，并保持了两千余年的基本稳定。县成了"天下"视野之中最为基础的治理单元，"上边千根线，下边一根针"，整个国家治理的千头万绪，都需透过"县"的这个"针眼"得以贯彻。以县为单位的基层空间治理，构成了整个中国古代农业社会所有治理的基础。其"治"与"乱"，直接关乎国计民生，直接关乎国家统治基层的稳定与否，"郡县治，则天下治"。因此，本节着重探讨中国古代农业社会中的基层——县域——的人居环境建设与空间治理问题。

2.3.1　县域是国家基层治理的基础

　　县是春秋时，秦、楚、晋、齐、吴各大诸侯国内兴起的一种地方制度，秦统

------

① 《吕氏春秋·察今》

一六国之后作为基本制度推广至全国。春秋以前散落的聚落，经战国的政治社会改造，至于秦汉，终于形成了郡县乡里的行政体系，为中央政府权力下达地方铺好了一条畅通的管道。郡县制如何作用于地方社会？对于郡、县之间的关系，严耕望曾经简要宏观地概括为"郡以仰达君相，县以俯视民事"[1]。中央的实际力量只到达县这一层，全面负责地方行政、财政、军事诸事、土地疆里计算、分配授予直至农事的组织等。由县城统率的农村，也就成为中国人居环境建设与社会发展的基本单元。中国的人居环境，经此流变已经基本定型。

2.3.1.1 "郡以仰达君相，县以俯亲民情"

"明王之吏，宰相必起于州部。"[2]，国家君主对于郡县官员十分倚重，而郡县官员最核心的工作也是使政事平顺、社会安定和谐，使诉讼争端依法得以判决处理。

相对于郡州官员，县为真正行"政"亲民之官，"位绝群吏，职参百政。且得上达君相，领衔奏事；下率吏民，教化事务。"[3]

《旧唐书》对于县令之政务要求如下："（县令）皆掌导扬风化，抚宇黎氓，敦四人之业，崇五土之利，养鳏寡，恤孤穷。审察冤屈，躬亲狱讼，务知百姓之疾苦"。[4]

从上述要求可以看出，县令主要的任务有征收赋税、平息诉讼、劝课农桑以及提倡文化四方面。征收税赋，是确保国家正常运转的重要手段。作为农业国家，需通过赋税的设计从最广大的社会经济单元收取社会运转的经费，同时这也是保证基层统治的重要手段，通过对"户"、"丁"、"田"的掌握，实现对整个社会基层的掌握；平息诉讼，使民无滞冤，维持基层正义与稳定；劝课农桑，象征国家对农业的重视；提倡文化，促进地方文化的繁荣。

这一体系上承国家的政治、经济、文化，使政情下达，统一为一整体，下启一县的人居环境营建体系，县的人居空间治理基本单元的地位得以确立。

2.3.1.2 "县政乡治"格局下的"一村一世界"

人类直接居住于村落、集镇之中，这统统处于县域人居体系之中，体现上方对于空间治理的思路与做法。

现在意义的村落、集镇，是隋唐时期随着"均田制"、"租庸调制"等一系列的政策制度确立起来的。确定了村落这一基本的生产居住模式，并一直延续至今。生产力由此得到进一步释放，农村聚落得以突破性的发展。后来伴随着政府对工

---

① 严耕望．中国地方行政制度史．甲部．秦汉地方行政制度"序言"．中国研究院历史语言研究所专刊之四十五 A．台北：学生书局，1990：4．
② 《韩非子·显学篇》
③ 《清朝通典》卷三四《职官志》
④ 《旧唐书·职官三》

商业限制的逐渐宽松，工商业者的社会处境逐渐得到改善，队伍不断扩大。这有力地促进了城市经济迅速完全脱离近郊型农业的模式，而完成向工商业的转化。城市的政治功能也不断得以提升，城市与农村的经济功能发生分离。以致到宋朝时，出现了"城乡交相生养"一说："城郭、乡村之民交相生养。城郭财有余，则百货有所售，乡村力有余，则百货无所乏"①。此不可不谓是中国历史上的"城乡统筹"。

这一体系，奠定了此后千年农村治理的基本思路与格局。通过土地、税收、制度等方面，中央政权通过县一级的基层代表，确立了对村庄的统率。另一方面，也强调农村聚落的主体性与自发性，使其能"自相生养"。形成"县政乡治"的典型模式。

2.3.1.3 县在人居环境建设中具有重要与基础地位

县作为帝国权力构成的最基础单元，同样也是最稳定的单元，两千年庶几未变。与之相对应，县治理的范围、人口基本上保持在一个比较稳定的范围，尤其是隋唐之后，县一级政权个别的调整存在，但总体趋势却是相当稳定的。各县县志往往都能追溯到数个朝代之前，而成为后人了解历史的重要参考。个别县的幅员甚至长达两千年没有大的变化。而且一县的疆域、规模、道路走向甚至村落的兴聚，集市的组织，县城的构成都具有很强的延续性与稳定性。"郡虽迁革不一，而县邑如故……隋高祖罢天下郡为州以统县，炀帝复置郡罢州，而县如故……唐太宗贞观初分天下为十道，寻增改为十五道，县无所更易。"②

在帝国基层的组织方面，由下至上以"县—郡（府、州）—省（道）"等行政方式依次整合成为一统帝国，县正成为统领广大农业社会的最基层单位"县治、则国家治"的情况下，县域在极大程度上代表了历史上的"基层"情况，而以县域为着眼点的人居环境研究，正是对这一最广大基层的人居环境的分析与解读。

因此，以县为单位，研究基层人居环境营建与治理的现象，总结出规律与方法，从中亦可窥探一县一地得以稳定存在并不断发展的要素。并对今天有巨大的意义。因此，无论根据历史时期的普遍情况，还是着眼今天的现实，"县域"都是国家基层的最集中体现，对其人居环境的研究，都具有十分重要的意义。

县域人居环境建设，作为国家人居空间治理基础，其主要任务便是在国家天下—州郡—县的体系下，一方面贯彻国家对于基层的治理思路，一方面全面地解决基层存在的各种实际的问题，清朝直隶州志有一句话，是说地方官员为官一地最重要的几件事："度地以居民也，设险亦以卫民也。官至此土者，必知廛里坊街，市镇村落之远迩广袤兴败盈虚，暨堡砦亭障之险易完缺，然后因其土

---

① （南宋）李焘《续资治通鉴长编》卷三九四。此治为宋哲宗时殿中御史孙升所言。
② （明）洪武《无锡县志》卷一《邑里》

宜，相其形胜，常可以施政令，可以扦寇攘。"[①]此外，还有将县令的职责归纳为以下几个方面"平赋役、听治讼、兴教化、厉风俗。凡养民、祀神、贡土、读法，皆躬亲厥职而亲理之"[②]。

2.3.2　传统县域人居环境建设的主要内容

概括而言，中国传统基层人居环境建设，主要注重"保安全"、"便民生"、"实政权"、"兴教化"四方面内容。四方面各自有具体的空间内涵，而又相互融合，成为一个整体（图 2-11）。

首先为"保安全"。安全考量是定居的前提，对于一县而言，首先需要考察山川大势，以求得安全定居之所。随后，需安排各处关隘以供防守，尤其是在战乱年间，必须得"设险以卫民"，"关隘堡砦亭障之险易完缺"直接关系到人居空间的安全与否。同时，县域空间还得思考如何应对水火盗跖等不安全因素。

其次为"便民生"。中国古代县域基本均为农业社会，首先需要对自然生态环境加以保护，形成生存的基本保障；其次不断建设农耕水利，对自然适当加以改造以满足生存需求；同时，还得不断完善社会救济等系统，为人民安居乐业提供空间保障。

第三为"实政权"。通过"编户齐民"、"乡里"等手段了解和治理基层人地关系；合理布置镇、市等行政、经济节点；并建立县域内道路、邮传系统上传下达，沟通城乡。以上种种空间手段，都为巩固中央统治，实现基层治理奠定了基础（图 2-12）。

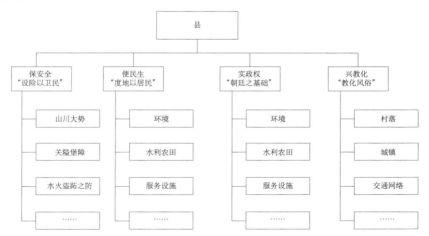

图 2-11　中国传统县域人居环境建设的主要内容
来源：笔者整理

---

① （清）光绪十五年王权《秦州直隶州新志》
② 《清朝通典》卷三四《职官志》

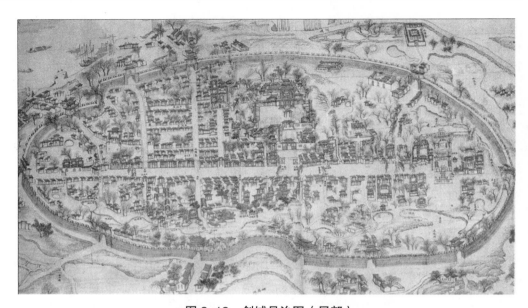

图 2-12　剑城县治图（局部）
图片来源：曹婉如等．1997 中国古代地图集·清代．北京：文物出版社．

第四，"兴教化"也是县域空间治理的重要方面。各县纷纷兴建学堂书院以传播学说，建设碑塔楼阁等文人景观以宣导教化，还在全社会引导"耕读互进"、"忠君为国"的主导思想，倡导地域文化的营建。

2.3.3　启示：县域人居环境建设构建国家基层治理的空间秩序

县域人居环境首先是在相对比较独立的地理单元的基础上，经人选择、经营、发展繁衍而成一个个的聚落，在此基础上再经由中央行政的外部强化、交通贸易的内在粘连、文化社会的不断内聚而成的一个自然、行政、经济、文化单元，这些单元统统以人类的居住与发展为内涵，并且投射到人居环境的空间营建中来。在这一单元内，人、事、物具有相当的内聚性，并且通常以整体参与更大层面上各项事务。

这一模式根植于山川田林的自然禀赋，通过人对于自身生产生活环境的不懈追求，经过国家行政与农村自治的交锋融合、经济与聚落体系的相互促进、社会文化力量的逐渐特质化的过程，逐渐形成了以一县为单位，在人居环境营建方面有共同追求与共同行动，内部功能相对完善，形成自身独特特点，对外能以一相对独立单元活动的"单元"。

首先，县是国家整体架构的重要部分，是贯彻至基层的关键一环。"王权止于县"。除了政令下达、收取赋税等之上，一县之治理，却更多贯彻以民为本的思路。一是对于"安民"思想的各方面贯彻。民安方能思进取，宰相尚且"路有喘牛，宰相不安[1]”，县令更是以民“安生乐养”为最高目标。二是地方治理中服务性的体现。地方官员开春需“躬耕田野”，以起示范作用；农闲需带领全县民众兴修水利，以利来年农业生产；县内需修建各义学、义冢、敬老院等，以使“幼有所长、老有所养、病有所医”。

其次，县域人居环境建设需要进行全面谋划，并不断继承历史优秀传统。在基层人居环境营建中，先是整体把握，再作分部实施。如县域交通网络的营建，如县城空间营建，往往如此，先定大原则、大“形势”，然后再细做谋划、详加实施。比如一般县城在整体布局已定的情况下，往往通过对重要建筑的巧妙布置，达到为县城“趋利避害”、增光添彩的作用。诸如地方八景之类的景观营建，同样是通过对景观体系的系统梳理，达到巧妙提升整体人居环境水平的功用。中国文化极重传承，一县的人居环境，绝少出现一朝政令一朝改之情况，后人往往思考的是如何在前人的基础上，或通过水利修筑，或通过道路兴建，或通过聚落整饬，或通过重点建筑的修缮或营建，以达到利于民生之提高，更为地方形象添光加彩之目标。在漫长的时间长流中不断继承历代之遗产，并在此基础上进行完善，继之形成再为后世所继承的新遗产，上千年间，历史文脉之高度契合无出其右者，人居环境建设因之一以贯之。在这其中，“县志”起到了人居空间治理的“教科书”的作用。县志的修撰过程，是其系统总结县域治理思路与行动的过程。而古时县令上任，则先通过县志来全面了解本县的情况。县志作为全方面记载该县各方面情况的重要文献，并且一代复传一代，在人居空间治理方面也积累了足够多的经验，传承了历代官吏对于县域治理的思路想法，在此基础上继续完善创新。以县志为代表的地方志，补正史之不足，记当时当地之事，襄地域文化之盛；资为官者镜鉴，助后学者追溯，是中华地方历史地理的珍贵记录，是中国地方人居环境建设之参考、之依托。

第三，县域人居环境建设需要官方与士绅、民间在发挥各自作用的同时，通力合作，共建家园。县令起统率全局的作用，其修养至关重要。人居环境的空间治理需要组织实施。在营建的组织实施当中，县令作为一县的“父母官”，是全县空间布局的总设计师与总工程师，对此责无旁贷。一县人居空间治理的复杂性，要求一县人居环境之总设计师——县令素质十分之高，他需要知晓多方面诸如农业、水利的知识，明晓一县人居环境建设之利害，具备统率全局之眼光与能力。同时还需具备审美、文化之上的极高修养，能知道如何在更高层面经营谋划一县之人居环境。非经如此，不能带领全县。同时，官方、民间往往

---

[1] 《汉书·丙吉传》

共同促进县域空间治理的进程。尤其是重大工程，县令往往成为领导者，而士绅、商人与民众的协作同样重要。此外，还有不涉及官方，而专由地方士绅、宗族耆老组织的人居环境营建，组织水利农田兴修，兴建宗祠、义学等。也正是在这样的组织之下，指挥有序、多方着力、普遍参与，县域内的诸多人居环境建设才得以顺利进行。

中国农村基层曾经创造了适宜的人居环境模式，由此形成了农业文化，人民于此安居乐业，社会稳定发展。今天，面临工业化、城市化的冲击，农村却面临失去自己文化、盲目附庸于城市文化之下的危险。今天的我们不能失去对于家园的热爱，更需要重塑信心。

2.4 当代经验借鉴

瑞士是欧洲内陆山地国家，经历了自 19 世纪前期从贫困到富裕的发展过程，瑞士在产业发展与空间战略方面，对贵州贫困地区能起到很好的启示作用。我国台湾地区近年推行"城乡风貌改造运动"，在组织实施、上下互动等方面也可资借鉴。

2.4.1 瑞士的借鉴：产业发展与空间战略

瑞士位于欧洲中南部内陆，辖境内多山，全境分为阿尔卑斯山地、汝拉山地以及瑞士高原三大地貌类型，约 60% 的国土位于阿尔卑斯山脉，地形起伏，被称为"山地之国"。瑞士全境约 4.1 万 km^2，人口 782.2 万（2010 年，来源：OECD[①]），人口密度约 190 人 $/km^2$。历史上，瑞士在 19 世纪中期才最终形成当前的联邦国家形式，在此之前，由于地理、交通等方面的原因，资本经济发展较晚，相比周边属于较为落后的国家地区。但经过百年左右的快速发展，瑞士成为世界"花园之国"、"钟表之都"，一跃进入世界最为发达、民众幸福感最强的国家之一。

瑞士地形地貌、人口密度等自然资源禀赋与贵州省极为相似，同为内陆山地区域，历史上瑞士也经历过较为贫穷落后的时期。因此，其发展过程，更有值得贵州省借鉴的地方。黎洪（1999）、赵焰（2004）、吴元（2004）、丁声俊（2005）等从发展路径与产业发展选择方面，简逢敏等（2002）、张勤（2006）、孙春强（2011）从空间战略与规划手段方面，陈宇琳（2007）、王金凤等（2012）从发展战略与政策支撑方面对瑞士的经验进行了介绍。

---

① OECD. Country statistical profile: Switzerland[EB/OL]. 2013-02-28. http://www.oecd-ilibrary.org/economics/country-statistical-profile-switzerland_20752288-table-che

从人居环境建设的角度而言，瑞士的发展经验可以在发挥地方优势的产业选择，大力推进基础设施建设、"多中心"的空间发展战略等方面对贵州提供借鉴。

2.4.1.1　特色产业发展

19 世纪中期，瑞士开启了其工业化过程，在较短的时间里建立起符合本国特色的产业结构，摆脱了农牧业为主的贫困状态。瑞士地处欧洲内陆，地形多山，当时交通极为不便，同时部分资源也较为匮乏，因此，瑞士摒弃建立完整工业体系的做法，也不主导发展需要大量交通物流的大宗制造业，而采取高附加值、低运输成本的技术加工工业的主导发展方向，重点发展了精工制造、化工、纺织、制药、食品工业等适应本国国情的支柱产业，并借助其永久中立国的身份大力发展高端金融服务业。瑞士所有企业的设立，几乎都以能充分发挥自身的优势、取得较大收益为原则。建立起适应瑞士国情的工业与服务业体系，很快在国民经济中发挥中坚作用，创造大量财富，吸引大量就业。至今，瑞士农业就业人口已不足总体的 8%。

瑞士还充分发挥其生态良好、风景秀丽的特点，大力发展观光旅游度假产业。瑞士享有"世界花园"之美誉，旅游资源丰富且相对多样，为瑞士旅游产业的发展提供了绝佳的条件。山区拥有 4000 米以上的高峰 10 余座、冰川 400 余条，适合开展登山、滑雪等活动；高原地区则拥有上千个湖泊，包括日内瓦湖在内的湖泊景色秀美恬静，适合休憩度假；全国各地的村庄集镇充分保留当地文化特色，也吸引了不少游客到来。经过多年培育，旅游产业在瑞士国民经济体系中占据重要地位，从 20 世纪初期起，瑞士即已成为欧洲国家的重要旅游目的地。

为了实现发展的可持续性，瑞士极为重视资源保护，通过颁布法律法规、征收相关税收、发放相关补贴、加强环保教育等方式，保护自然生态资源。瑞士 19 世纪中期就有了污水净化设施，1902 年即颁布《森林保护法》。在政府与社会各界的共同努力下，2005 年，瑞士森林覆盖率达到 30.5%，比 1990 年增加了 6%，永久草地占国土面积也达到了 27.3%（OECD，2008）。

2.4.1.2　交通基础设施建设

瑞士处于欧洲中心地带，为法、德、意等国的陆路交通枢纽。但地形地貌却极为崎岖，被称为"欧洲的屋脊"。在发展初期，交通极为受限，成为限制国家发展的重要制约因素。因此，自 19 世纪起，瑞士即开始大规模的兴建交通基础设施，构建高效率、多层次、广覆盖的运输网络。

首先加强外部与欧洲各国的交通往来。借助于"欧洲十字路口"的地理位置，瑞士成为欧洲横亘东西与纵穿南北铁路交通网的交汇点，国际铁路客货运极为发达，瑞士能够通过国际列车快速到达欧洲的大多数主要城市。

其次大力构筑国内的便捷交通体系。构建了遍布全国的铁路运输网络与公路运输网络，尤其是铁路大小站点超过了 1 万个，几乎所有的居民点与旅游景点都能够方便到达。高速公路网络也能方便通达国内主要城市（图 2-13）。

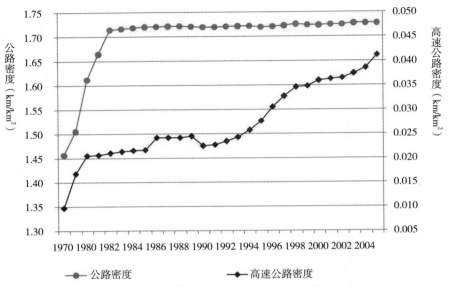

图 2-13　瑞士的公路密度与高速公路密度（1970–2005 年）

来源：笔者根据 OECD（2008）计算绘制

2.4.1.3　针对山区的政策体系

瑞士位于阿尔卑斯山区，山区面积占了约 60% 的国土面积，承载了大约 25% 的人口。20 世纪 50 年代起，大批山区劳动力向中部高原地区集中，为解决山区人口减少、社会经济持续衰退问题，瑞士联邦政府开始建立支持山区可持续发展的综合框架，陆续通过了《山区投资法》等一系列法律形成了以《山区投资法》为主要"显性"政策，其他各类农业、旅游、环境保护等法律、公约为补充"隐性"政策的体系。

《山区投资法》主要着眼于加强对山区共有的基础设施加强投资，包括道路交通、教育、医疗、文化体育等方面都在此法案影响下获得了大量投资，基础设施水平获得改善，并吸引了大批商业聚集到山区城镇，形成了以小城镇为主的诸多山区发展中心，改善了山区的经济水平与就业吸纳能力。随后，各项相继政策陆续出台，建立了山区发展基金与区域财政平衡机制，补贴山区农业与旅游业，同时注重保留山区特色，改善山区居住水平，保护山区生态水平，为山区的复兴与可持续发展打下了基础。

2.4.1.4　"多中心的瑞士"的空间发展战略

在经历了 20 世纪 50~70 年代的高速发展之后，瑞士的城镇化在 70 年代后期达到了 75%。但瑞士乡村仍是重要的生活和就业地点，并且因为便捷的交通使得其可达性良好。但当前瑞士乡村也面临大多数的农村地区正在失去其特色等问题。因此，在 2005 年，由联邦空间发展办公室（Swiss Federal Office for Spatial

Development，SFOSD）与联邦环境、交通、能源与通讯部（Federal Department of Environment，Transport，Energy and Communications，DETEC）共同出版的《瑞士空间发展报告 2005》（Spatial Development Report 2005）针对当前瑞士国土空间的发展现状与问题，聚焦于城市聚集区与乡村地区的关系，提出瑞士国家空间发展的概念，尤其针对城镇网络与农村地区之间的平衡与互动做了阐述。

该报告首先分析了可能出现的 4 种发展前景：即大都市—趋势方案（Metropolis Switzerland-the trend scenario）；城市扩张——城镇的没落（Urban sprawl-the decline of the towns）；多中心的城市化的瑞士——城镇网络系统（A polycentric，urban Switzerland-a networked system of towns and cities）；区域性的瑞士——国土整合（Regional Switzerland-territorial solidarity）（图 2-14）。

在经过对 4 种前景的分析比对之后，报告认为第 3 种方案"多中心的城市化的瑞士"较为合适。其核心在于关注于动力与平衡，关注于城镇与城镇群的强势增长与城乡互补程度日益提高，走均衡发展的"城镇群网络"的道路，采取促进城镇与城镇群发展的措施，构建更加便捷的交通网络，针对城市与农村分别采取特定的空间战略，提升农村地区的基础设施水平，大力提升其生活水平，以达到城乡融合的前景（图 2-15）。

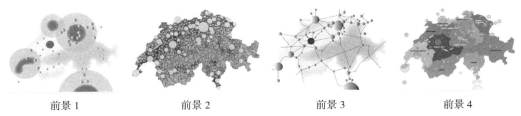

前景 1　　　　　前景 2　　　　　前景 3　　　　　前景 4

图 2-14　瑞士国土空间发展的 4 种前景
来源：ARE & DETEC，2005

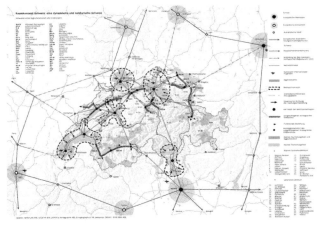

图 2-15　瑞士空间概念规划（Spatial Concept Plan）
来源：ARE & DETEC，2005

2.4.1.5　启示

瑞士的发展历程给贵州贫困地区的发展提供了很好的借鉴，体现四个方面：（1）根据自身特点，选择合适的产业体系，合理培育支柱产业；（2）注重交通等基础设施的发展，交通基础设施是发展的基础，应大力加强投入，改善对外交通，形成内部交通网络；（3）制定促进发展的政策法规体系，多层次、全方面地支持落后地区发展；（4）选择多中心的发展模式，构建一批地区发展中心，带动区域发展，同时以此为基础构筑城乡统筹的整体国土空间格局。

2.4.2　中国台湾地区的借鉴：城乡风貌改造运动

自20世纪中叶起，中国台湾地区经历了长时间的经济持续高速发展，经济总量、工业化率、城市化率都大幅提升，创造了令人瞩目的经济奇迹。但同时却存在"地方风貌特色正在迅速消退，不分城乡，到处呈现一致化、单调化，甚或是'挤、脏、乱、丑'之景象……逐渐构成台湾社会未来发展之瓶颈。"（台湾地区内政主管部门，2001），促成了台湾地区"城乡风貌改造运动"的产生与开展。运动提出"创造具本土文化风格、绿意盎然、适意美质的新家园"的总体目标，并进一步明确最终的城乡应为"有文化风格，充满荣誉尊严的城乡"、"有田园绿意，处处生机盎然的城乡"、"有质量魅力，值得认同感怀的城乡"（台湾地区内政主管部门，2001）。运动的开展一直紧紧围绕这一目标。

运动可简要将其划分为三个阶段。（1）1997年以前：意识觉醒、各部门行动，从小区美化运动、都市商圈改造计划、社区总体营造计划、公共环境美化计划、原住民新风貌计划等，纷纷从各自领域进行相应的改善工作，取得一定成效；（2）1997-2000年：以台湾"经济建设委员会（经建会）"出台"创造城乡新风貌行动方案"为标志，"城乡风貌改造运动"成为一项整合性的行动，在1999年与2000年两年共列编100亿左右的预算。城乡风貌运动的经费得以落实、可以调动的资源大大增加、很快就成为各地方与民众的关注重点；（3）2001-2011年：自2001年，营建署牵头编列"创造城乡风貌示范计划"并获批施行，确定了"申报—审核—补助"的主干制度，定期编列一次中期计划，运动趋于常态化、制度化与整合化。

自1997年确定推动城乡风貌改造运动以来，台湾当局通过"创造城乡风貌示范计划（一二三期）"提供政策框架与预算支持，确立了"申报—（竞争）—审核—补助与改造—核定—（宣传）"的主干制度，通过明确资助重点、倾斜相应资源等方式调控改造方向，通过强调"社区总体营建"激发民众主动性，并通过加强交流培训、宣传推介等一系列辅助措施来提高改造质量、扩大运动影响力，经过十余年的不断完善，业已形成一套相对成熟、有效的制度体系，有力地推动了城乡风貌运动的向前发展。

图 2-16　台湾地区城乡风貌改造运动的制度体系示意
来源：笔者自绘

　　运动开始十余年来，城乡风貌改造运动已在台湾地区掀起"一波无形空间革命"（郭琼莹，2010），大大改善了城乡景观风貌、促进了城乡的共同发展，并有力地推动了社会共识的凝聚与地方特色的发扬。其成效主要体现在：（1）以空间营建为主线，改善基层生产生活水平；（2）注重均衡项目分布，促进城乡共同发展，台湾地区城与乡的景观风貌虽属不同类型而呈现不同的面貌，但基础设施与环境水平普遍提升，城与乡的生活品质都达到较高的水平，城乡一体、共同发展的格局正在形成；（3）凸显地方精神，弘扬地方文化，大量具备浓重地方特色的项目纷纷建设完成，不仅改变了地方的空间景观、推进了"一乡镇一特色"的实现，更是承载和发扬地方文化的标志，是凝聚和振奋地方精神的旗帜；（4）价值观深入人心，社会同步建设，营建的过程所提倡的价值观正深入社会，良好的城乡风貌激发民众对于自己家乡的热爱与认同，凝聚居民之感情与力量，形成城乡风貌景观良性发育的最为坚实的基础（图 2-17）。

　　中国台湾地区进行的城乡风貌运动，通过建立资金资助的"申报—审核—资助"制度，直接作用于基层的空间营建，大大改善基层的景观风貌。城乡风貌运动历程及经验，应该能对我国其他地区基层人居环境建设起到一定的启示作用：

图 2-17 日月潭水岸景观浮岛，充分考虑景观需求，并且结合原住民文化特点
图片来源：笔者自摄

2.4.2.1 以县为单位进行基层治理，强化县统筹整合资源能力

台湾地区的经验从空间环境营建这一方面验证了强化县这一基层单元的可行性与必要性。在城乡风貌改造运动中，确立县市作为向上联络的统一单元，整合各部门关于城乡物质空间建设的各项计划于一体，"各部门的计划若属直接补助地方政府性质者，改由行政主管机关主计处直接拨付县市政府，再由县市政府依其施政重点自行分配预算办理"（李永展，2003）。同时，强化县市为计划的执行主体地位，促使县市思考一地之整体战略，均衡而有重点地施行计划。对县的"扩权"与"强责"，充分发挥县对其县域的整体把握能力，强化其对各项资源的整合与执行，收到了良好的成效。

2.4.2.2 借鉴"申报—审核—资助"制度，创新农村人居环境投入模式

借鉴台湾地区的城乡风貌改造运动，可在农村人居环境建设领域推行"申报—审核—资助"的资金补助制度，改以往单纯"由上至下"为"上下互动"。地方考虑自身情况申报，从而充分调动地方积极性，发扬地方特色；中央或省一级通过总体计划和项目遴选来引导、调控农村人居建设方向；通过审核来推动地方项目进程，并提升项目水准；通过最终的评比宣传来树立先进典型，传递价值观，凝聚社会共识。这一模式能提升资金的使用效率，能调动起多方积极性，有利于农村基层人居环境水平的迅速提升。当然，这一制度的推行应该是一循序渐进的过程，可先进行试点。

2.4.2.3 强调发挥民众与地方的力量

台湾地区的城乡风貌改造运动，改"为民众规划"与"与民众共同规划"为"促成地区居民自己规划"，强调"社区总体营建"，充分动员地方民众，激发地方民众的参与热情与主人翁精神，并在共同完成项目的过程中，不断带动越来越多的地方民众参与，形成"由下而上、社区自发性"的活动。台湾地区的实践证明，这一过程能够发扬地方传统，最终凝聚地方精神，创造新时期的农村地方文化。

2.4.2.4 营建多方协作氛围，引进外部智力参与

台湾地区城乡风貌改造运动还十分注重多方协作，通过"县市景观总顾问"、

"社区规划师"等方式，引入专家学者扎根地方，全程参与营建过程，深入社区生活，发现并发动社区的内在需求，激发社区内部的营建力量，并提供专业咨询，提升项目水准。政府、民众、学者及社会团体形成了互相协作，相互促进的良性局面。注重在地方加强营建多方协作氛围，多渠道引进外部智力的参与，多方共建，最终才能取得良好的成效。

2.5　本章总结

首先，本章从文献上回顾了贫困问题，尤其是贵州贫困问题的相关研究，总结出贫困研究的"结构范式"与"文化"范式，并尝试从空间角度形成对贫困展开的理解。

其次，本章利用调研获取的资料，对当前贵州各县域的治理政策，尤其是在贫困治理方面的政策措施与空间手段展开了综述。认为当前贵州已经意识到县域在促进地方发展的重要作用，也开始通过多项空间手段进行以贫困问题为核心的治理，但同样也存在一些层级间协调、手段间整合方面的问题。

再次，本章通过对地方志等历史文献的梳理，总结了我国传统县域治理经验。认为自秦始皇设立郡县制以来，县一直是国家实现治理的基础。我国传统县域治理的措施主要体现在"保安全"、"便民生"、"实政权"、"兴教化"四个方面，并以此构建了国家基层治理的空间秩序。

最后，本章还借鉴了当代其他国家和我国台湾地区的相关做法，认为瑞士产业发展与政策扶持的相关经验，我国台湾地区在"城乡风貌改造运动"中进行基层空间治理的相关经验能够为贵州贫困地区的县域人居环境建设提供借鉴。

第 3 章

—— 贵州贫困地区县域人居环境的基本理论框架

在人居环境科学基础上，探讨并尝试构建贵州贫困地区县域的人居环境基本理论，以此作为在空间层面分析贵州贫困地区发展的理论与实践的基本框架。将人居环境理论引入贵州贫困地区的研究，能够拓展对贫困现象研究的理论边界，跨越空间与经济社会的藩篱，较为全面融贯地对贫困的产生进行解释，并进而寻求适宜的空间治理路径。

3.1 人居环境科学在贵州县域的运用

贵州贫困地区主要集中于广大县域，由于地形、历史、政策等多方面的原因，贵州县域城乡人居环境"不均衡、不协调、不可持续"的现象较为普遍，由此对贫困的消减与地区的发展造成不利影响。因此，主动地将人居环境科学运用于贵州县域并加以发展，构建落实发展转型、实现城乡统筹、解决贫困问题的重要理论与实践框架。这一框架包括以下几个方面：

深化人居环境五大层次中县域这一特定层级的认识；分析县域人居环境的自然、人、经济与社会、居住与城镇、支撑等五大系统；并针对贫困的核心问题展开讨论，总结县域人居环境在处于不同贫困状态的阶段性特点；最终总结出贵州县域人居环境的关键问题与影响机制。

3.1.1 人居环境科学

人居环境科学（Sciences of Human Settlements）是研究包括乡村、集镇、城市、区域等在内的人类聚落及其环境的相互关系与发展规律的科学，以有序空间与宜居环境的实现为目标。人居环境的自然、人、社会、居住、支撑网络五大系统拓展了单纯空间研究的概念，通过"融贯的综合研究"，对于城乡这一复杂的巨系统，以问题为导向，综合地统筹地找寻分析问题，解决问题。

人居环境科学以人为本，以生态、经济、技术、社会、文化艺术为五大原则，在全球、区域、城市、社区、建筑五个层面，通过对自然、人类、社会、居住、支撑五大系统的分析，结合地区的实际问题展开"融贯研究"，以问题为导向，探讨可能的人居环境建设目标，并寻找适宜的解决路径（图3-1）。

人居环境以"科学共同体"等方
式，融汇建筑、城乡规划、风景园林、
环境、经济、土木、社会学等多学科（图
3-2），跨越建筑、居住区、城市、区
域等多个层次，统筹区域内城市与乡
村。联合住房和城乡建设、国土资源、
文化、民政、城市交通等多个行政部
门，搭建政府、专家、公众沟通平台。
以"科学共同体"等方式，创建了多
学科融贯、多层次汇通为特征的整体
性实践模式（吴良镛，2001，2012）

当今城乡建设方面面临的诸多问
题都是复杂且综合各方面因素的，必
须要上升到一个"整体性与整体性科
学"的层面，才能形成整体协调发展。

3.1.2 贵州人居环境的县域层次

道萨迪亚斯（Doxiadis，1965）
根据人类聚集的规模比例，从最小单
元的个人开始，一直到整个人类聚居
系统的"普世城"，一共划分了 15 个
不同层级的聚居单元。吴良镛（2001）
在借鉴相关理论的基础上，结合实际
问题，将人居环境简化成为全球、区
域、城市、社区（村镇）、建筑五大层次。
这一层次的划分更便于问题的总结与
研究的开展，同时考虑了中国人居环
境的城与乡的不同特点，将农村村镇
也纳入到人居环境的层级体系中。

进一步地，在发展模式转变的过
程中，吴良镛（2009）提出针对城乡
建设的种种问题，应从空间上整合多
方面的诉求，在具体上尤其要重视区
域层面的整合与协调，统筹城乡发展。

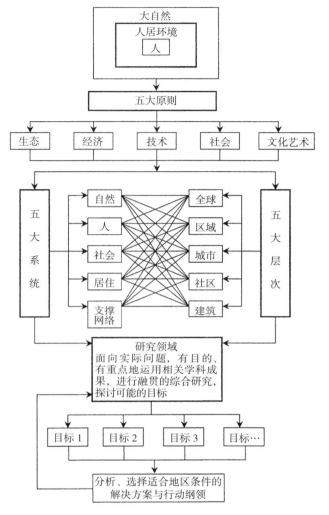

图 3-1 人居环境科学研究基本框架
来源：吴良镛，2001

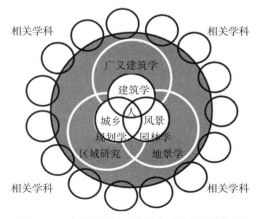

图 3-2 人居环境科学的多学科融贯体系
来源：吴良镛，2001

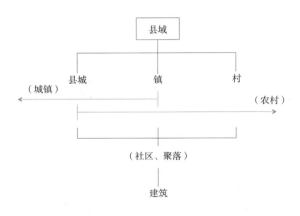

图 3-3 人居环境的县域层次示意图
来源：作者自绘

由此，提出将县作为统筹城乡研究的一个重要单元，"县既是一个经济系统，也是一个社会系统、文化系统，是可以对国土、区域和城乡建设进行综合协调的基本单元。"（吴良镛，2009）在此基础上，有必要将县域作为人居环境层次体系中的重要一环，加以发展。

根据贵州的实际情况，笔者构建如图 3-3 所示的人居环境县域层次，主要包括县域范围内的县城、镇区与乡政府所在地的小城镇和大量的村庄，其下为社区与聚落，最后为单体的建筑。

这一层级具有突出的"城乡融合"的特点。包括县城在内的小城镇往往被视为城镇体系的末端，同时也是农村地区的凝聚核与发展动力，"既是城之尾，也是乡之首"。

3.1.3 贵州县域人居环境的系统

吴良镛（2001）将人居环境从内容上分为自然、人类、社会、居住与支撑五大系统。结合贵州贫困地区以及县域层面实际情况，笔者认为贵州县域人居环境可以从自然、人类、社会与经济、居住与城镇以及支撑五大系统来加以分析研究。

3.1.3.1 自然系统

自然是人赖以生存的基础，"整体自然环境和生态环境，是聚居产生并发挥其功能的基础，人类安身立命之所"（吴良镛，2001）。中国自古形成的自然观中就将人与自然的和谐放在十分重要的位置，李约瑟在《中国科学技术史》中论述道："再没有其他地方表现得像中国人那样热心于体现他们伟大的设想——'人不能离开自然的原则'……皇宫庙宇等重大建筑物自然不在话下，城乡中不论集中的或者散布于田庄中的住宅也都经常地出现一种'对宇宙图案'的感觉，以及作为方向、节令、风向和星宿的象征主义"（Needham，1965）。因此，对于自然系统的研究，处于人居环境五大系统中的基础地位。

同时，自然系统的研究对于贵州的县域具有十分突出的意义。贵州省是我国唯一没有平原支撑的内陆山地省份，超过 90% 的面积为山地和丘陵，地貌的复杂多样、地形的分割起伏形成了各县独特的自然地理格局，其中中西部多个县更受到石漠化的严重影响，同时耕地极为紧张。自然条件对各县的人居环境发展起到极为关键的基底与制约作用。

3.1.3.2　人类系统

"人"既是人居环境研究的对象,"以人为本"也是人居环境研究的目的和出发点之一。它是"自然界的改造者,是人类社会的创造者"(吴良镛,2001)。"民为邦本,本固邦宁",一切经济增长、社会进步,归根结底都是为了谋求满足人的物质和精神需要。对于人本身的研究,诸如人的需求、人的分布与流动、人口就业等,是人居环境得以形成的基础与核心。

在贵州县域层面,"人类"的各种自身规律与现象,包括人口分布、人口流动、人口就业以及人口素质等方面,都与自然、经济、社会等息息相关,并在空间中呈现出一定的特点,构成人居环境的重要部分。

3.1.3.3　经济与社会系统

"人居环境是人与人共处的居住环境,既是人类聚居的地域,也是人群活动的场所"(吴良镛,2001)。因此,对于人居环境的研究离不开对于人的活动、经济的发展与社会的组织、运行的研究。同样地,经济与社会的发展会在空间上呈现出一定的规律与特点。

对于贵州县域而言,县域经济、社会与文化的发展构成县域人居环境的重要组成系统。县域经济的发展与空间布局情况对各县的贫困与发展构成十分重要的影响,同时,贵州被誉为"文化千岛",民族文化、山地文化在贵州各县留存较多,但也面临各类冲击与影响。

3.1.3.4　居住与城镇系统

"住者有其居"自古以来是中国治理的核心目标之一。《管子·小匡》曰:"民居定矣,事已成矣。"第一次联合国人居会议提出"拥有合适的住房及服务设施是一项基本人权",第二次联合国人居会议也将"人人有适当住房"作为主题之一。居住系统"主要指住宅、社区设施、城市中心等",是"人类系统、社会系统等需要利用的居住物质环境及艺术特征"(吴良镛,2001)。当前,居住问题仍然是中国的重大问题之一。作为基层百姓居住的基本场所,县域城乡的住房情况直接关系到占中国 70% 以上人口的基本生活,具有十分重要的意义。

对于贵州贫困地区的县域,居住问题既有别于发达地区,也有别于单独的城市居住。它既包括以县城和各类小城镇为代表的城镇居住模式,也包括散布于县域内广泛农村的村落居住模式。同时,城镇体系的布局与结构,也直接影响到县域民众的居住方式以及生产生活方式,并且在快速城镇化背景下这一影响将愈发突出,具有重要的意义。因此,本系统将其扩展为包括城镇体系与结构在内的居住与城镇系统,是县域内各类居住空间有机组织与合理布局的依据。

3.1.3.5 支撑系统

"支撑系统是指为人类活动提供支持的、服务于聚落，并将聚落联为整体的所有人工和自然的联系系统、技术支持保障系统，以及经济、教育和行政体系等"，"它对其他系统和层次的影响巨大"（吴良镛，2001）。在县域人居环境的发展中，支撑系统体现在方方面面，并且对此前的人类、居住以及社会经济起到重要的支撑与服务作用。同时，人居环境的制约也更多地体现在支撑系统的欠缺与落后上。

与单纯研究农村聚落点的支撑系统不同，县域的支撑系统既涵盖广大农村地区，也涵盖县域范围内的县城与中小城镇，并且在这一区域范围内的支撑系统共同构成支撑网络，互为作用。

一般而言，支撑系统可分为工程型基础设施与社会性基础设施两类。因为道路交通系统在县域人居环境，尤其是贵州的人居环境发展中起到极其重要的作用，本书将其从工程型基础设施中单独列出讨论，本书主要研究对县域人居环境起到重要影响作用的道路交通系统、工程性基础设施以及公共服务（社会性基础设施）等三个方面，并讨论其对县域人居环境的支撑作用。

在上述五大系统中，"自然系统"构成了贵州县域人居环境的主要基底与制约条件；"经济与社会系统"与"人系统"具备一定空间特点、并对县域空间结构的形成产生重要影响；"居住与城镇系统"以及"支撑系统"是将人工创造与建设直接显现于空间层面的结果。五大系统互相作用，共同构成县域人居环境的整体（图3-4）。

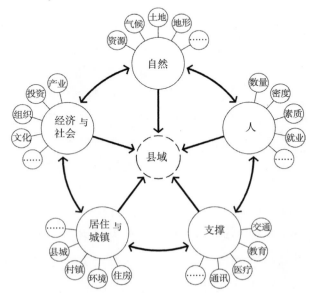

图 3-4　贵州县域人居环境五大系统示意图
来源：笔者自绘

3.1.4　贵州县域人居环境建设的目标

人居环境科学强调针对实际问题，"有目的、有重点地运用相关学科成果，进行融贯的科学研究，探讨可能的目标"（吴良镛，2001）。针对贵州县域的实际问题，县域人居环境建设的目标在于通过物质空间的安排，改善现有人居环境的局限，构建宜居的生产生活环境，提供经济发展与社会进步的空间支撑，最终为贫困现象的消除提供空间基础，并且在发展的过程中注意保持地方特色，为县域进一步的特色与可持续发展提供可能。

消减贫困是当前贵州县域人居环境建设的主要目标。贵州县域的核心问题在于贫困，贫困在贵州县域分布范围广、程度深，是当前国家"全面建成小康社会"的进程中需要重点关注的问题。当前，贵州县域人居环境建设的目标理应聚焦于此，主要通过构建"宜居的生产生活环境"与"有序的物质空间"，为贫困的消减乃至消除工作提供重要的空间支撑与物质保证。

县域人居环境建设应为当地提供宜居的生产生活环境。贵州县域人地关系十分紧张，生产生活环境较为恶劣。通过县域人居环境建设，充分改善当地物质环境，提供宜居的生产生活环境，大幅提高当地民众生活水平。

县域人居环境建设提供当地经济发展与社会进步的空间支撑。在快速城镇化与工业化的进程中，县域经济的发展与县域社会的重构正在大幅度地改变地方面貌，县域人居环境建设应该充分考虑发展方式转型中，城乡统筹、区域发展的要求，为当地经济发展和社会进步构建合理的空间格局与结构，促进地方发展，进而通过发展改善当地民众的生活境况。

县域人居环境建设应充分注重保存并发扬地方特色文化，为县域进一步的特色可持续发展提供可能。贵州各县在经济社会发展相对滞后、面临较为突出的贫困问题的同时，也具备资源丰富、生态环境良好、自然景观优美、地方文化丰富多彩等有利条件，为贵州县域的进一步的特色发展提供了极佳的基础条件。但是这些有利条件在当前受到较大影响。因此，县域人居环境建设应充分注重保存地方自然文化特点，走可持续发展的道路，并充分挖掘地方特色加以发扬，形成县域特色发展之路。

3.2　贵州县域人居环境的阶段特点

十一届三中全会之后，党中央根据实际情况，提出我国实现现代化分"三步走"的战略构想，分别为解决温饱问题、达到小康水平，进而进入中等发达国家水平。当前我国正处于小康社会已基本建成、进而追求全面建成小康社会的历史阶段。贵州作为全国贫困问题最为严重的省份，各县的贫困程度也有所区别。按2011年新扶贫标准，有部分县的农村贫困发生率超过50%，也有部分发展较好的县域这一比例不足10%。根据贫困程度的不同，贵州的县域基本可以分为以下三类。

贫困高发阶段：贫困现象极为普遍，农村贫困发生率很高，农民收入水平十分低下，用国际水平衡量往往处于"极为贫困地区"或"最不发达地区"，地方经济发展水平十分落后，需要国家长期的大量的扶贫投入方能保持大部分人能够满足基本的生活需要。当前，贵州全省75个县中，仍有50个属于国家扶贫开发工作重点县，笔者认为这些县总体上的消除贫困的任务仍然十分繁重，因此将其划入贫困阶段。

大部温饱阶段：仍存在大量的贫困现象，农村贫困发生率较高，农民收入水平在省内处于中等水平，但仍与国家平均水平有较大差距，地方经济发展水平基本处于省内中等水平。

基本小康阶段：贫困现象已经较为少见，农村贫困率较低，农民收入水平处于国家平均水平左右，地方经济发展水平较高。

县域贫困程度的不同，其对应的人居环境往往也具有不同的特点，具有一定的阶段性。因此，笔者根据各县所处的三个阶段，通过对典型案例的研究，分析其各个阶段人居环境的不同特点。

3.2.1 贫困高发阶段：以雷山县为例

雷山县位于贵州东南部，隶属于黔东南苗族侗族自治州，位于东经107°55′~108°22′和北纬26°02′~26°34′，总面积1218km²。据全国第六次人口普查，全县共有常住人口11.7万，苗族人口占80%以上。

雷山县是贵州省贫困人口比例最高、贫困程度最深的县之一，2011年全县农民人均纯收入仅为3880元，仅为全国平均水平的50%左右，在贵州省内也处于后列。按照2300元的贫困标准，2011年全县共6.4万贫困人口，农村贫困发生率高达43.4%。雷山县一直是国家扶贫开发工作重点县，2011年被划入14个国家集中连片特困地区的滇桂黔石漠化区域。

3.2.1.1 自然系统特点

雷山县地处雷公山麓，中部为苗岭山脉主峰雷公山。全县大部属雷公山区，地形山峦起伏，河谷切割严重。清朝爱比达撰《黔南识略》记载雷山地理形胜为"六厅之中最为险僻，控临捍御屹为岩疆。"

雷山县海拔落差大，全县国土海拔范围为484~2179m。陡坡比重大，平坦地形十分稀少。全县面积中，坡度低于6°的平地仅占全部国土面积的2.7%，而坡度低于15°适于农业耕作的缓坡地也仅占11.9%，能够开展农业耕作的空间极为有限，坡度大于 25° 的陡坡地占比达到 48.6%[①]，也即几乎一半面积的土地不适宜进行任何开发与农业耕作。适宜农业耕作与城镇建设、工业发展的平地与缓坡地比例极为有限（图 3-5）。

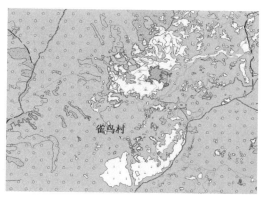 

图 3-5　雷山县雀鸟村村寨与所属耕地（右图拍摄处为坡耕地，所指远处为所属村寨）
来源：左图翻拍自该县土地总体规划，右图为笔者自摄

因为地形破碎，雷山县的耕地资源极为有限且分散。耕地面积仅占全县面积的 12.6%，考虑到大部分耕地质量不佳，以全县农业人口计人均常用耕地面积仅为 0.74 亩 / 人，甚至很难养活自己。而且土地极为分散，如方祥乡全乡的土地基本为"傍坡田"与"坡耕地"，且分布极为分散，雀鸟村的耕地散布于山沟两侧的几座大山中，"村民清早从家出发，翻过山沟，爬上大山，走到这里就要两个小时，回去再要一个多小时。地里此前还不通路，只能靠脚走，遇到要运种子肥料、要收庄稼时候更是麻烦"[②]。

3.2.1.2　经济与社会系统特点

产业发展十分薄弱。2011 年全县人均地方生产总值仅为 9728 元，而人均财政收入仅为 863 元，一般预算财政支出的接近 90% 依靠转移支付。近年大力发展旅游业，旅游业已成为当地经济的重要来源。

3.2.1.3　人系统特点

由于耕地不能满足生活需要，大量人口外出打工就业，外出打工劳动力占农村劳动力总数的 27.7%。在方祥乡，"全乡 5927 人，劳动力 3848 人，其中外出务工一年以上的就有 1092 人，半年以上的 380 人，外出半年以下的还有 320 余人。"全乡超过 40% 的劳动力在外务工，"乡里你除了政府和学校，你都看不到多少年轻小伙"[③]。

---

① 数据来源：贵州师范大学地理研究所，贵州省农业资源区划办公室.2000.贵州省地表自然形态信息数据量测研究［M］.贵阳：贵州科技出版社.
② 来源：笔者访谈记录.
③ 来源：笔者访谈记录.

雷山县(2010 年)

● 1万~2万　● 0.5万~1万　● <0.5 万

图 3-6　雷山县城镇体系（2010 年）
来源：根据《雷山县总体规划》绘制

此外，全县居民受教育程度较低，据 2010 年全国第六次人口普查，全县平均受教育年限仅为 6.74 年，文盲人口占 15 岁以上人口比重达到 20.57%。同时，人口出生率十分高，达到了 16.86%，自然增长率为 7.81%。

3.2.1.4　居住与城镇系统特点

雷山县城镇发育极为滞后，全县 10 个乡镇，仅县城人口达到 2 万人，其余 9 个乡镇驻地人口均未达到 1 万人，4 个乡政府驻地人口竟不足 2000 人，其中最少的桃江乡乡政府所在地人口仅 300 人，城镇能够发挥带动能力极为有限（图 3-6）。

3.2.1.5　支撑系统特点

雷山位于雷公山麓，坡高山陡，交通极为不便，迄今仍无高速公路通过。2011 年，全县公路密度为 1.05km/km^2，但绝大部分是等级低、质量差的乡村路，等级路仅占所有道路的 23%。县域内亦无铁路经过。对外交通与县域内交通都十分不方便（图 3-7）。

图 3-7　雷山县的乡村公路
来源：笔者自摄

3.2.2　大部温饱阶段：以平坝县为例

平坝县位于贵州中部，隶属于安顺市，位于东经 106°59′~106°34′，北纬 26°15′~26°37′，总面积 999km^2。据全国第六次人口普查，全县共有常住人口 29.8 万。

平坝县是黔中地区较为贫困的县。2011 年全县农民人均纯收入仅为 4635 元，约为全国平均水平的 65%，在贵州省内也处于中列。按照 2300 元的贫困标准，

2011 年全县共 6.7 万贫困人口，农村贫困发生率高达 22.2%。平坝县也一直是全国扶贫开发工作重点县，2011 年被划入 14 个国家集中连片特困地区的滇桂黔石漠化区域。

3.2.2.1　自然系统特点

平坝县是黔中坝子发育最为丰富地区，民国《平坝县志》描述为"山拥村墟，水环郊郭，平原沃壤，地处冲要"。地势较为平缓，超过 90% 的土地海拔位于 1100~1500m。坡度低于 6° 的平地占全县面积的 37.2%，而坡度低于 15° 适于农业耕作的缓坡地占 77.4%，坡度大于 25° 的陡坡地占比为 4.1%[①]。

平坝县的耕地资源较为丰富，很早即以"地多平旷"著名。耕地面积占全县面积的 38.1%，且县域内分布了 6 个"万亩良田大坝"，这在贵州极为罕见。但因为开发较早，人口密度较大，以全县农业人口人均常用耕地面积也仅为 0.87 亩／人，耕地资源仍然十分紧张。

3.2.2.2　经济与社会系统特点

平坝县曾是国家"三线"建设重要基地，拥有较为坚实的工业基础，现在是贵州省重要的装备制造业基地，有规模以上工业企业 30 余个。人均地方生产总值 17149 元。

3.2.2.3　人系统特点

由于开发较早，农业耕作条件较好，平坝县人口密度达到 354 人／km²。所以，仍然有部分劳动力外出打工，比例为 17.5%。

由于县境内道路交通条件较好，因此出现了一批流动建筑工人，县城周边及干道附近的几个村子已经成为远近闻名的"建筑村"，一到农闲季节，全村大约 50% 以上的男青年都骑着摩托车在县域内甚至临近安顺市的建筑工地干活，清早出门，傍晚回家。

人口受教育程度相对贫困阶段的县有所提高，据 2010 年第六次人口普查数据，全县人口平均受教育年限为 7.73 年，文盲人口占 15 岁以上人口比例为 10.9%。人口出生率为 16.48%，自然增长率 10.14%。

3.2.2.4　居住与城镇系统特点

平坝县城镇密度较高，且形成了较为合理的城镇体系。县城人口接近 5 万人，另有 1~2 万人口城镇 4 个，0.5~1 万人口城镇 3 个，另有 2 个乡政府驻地人口不足 0.5 万人（图 3-8）。

3.2.2.5　支撑系统特点

平坝县地处滇黔通道要地，同时土地平旷，因此交通条件较好。沪昆高速公

[①]　数据来源：贵州师范大学地理研究所，贵州省农业资源区划办公室 . 2000. 贵州省地表自然形态信息数据量测研究 [M]. 贵阳：贵州科技出版社 .

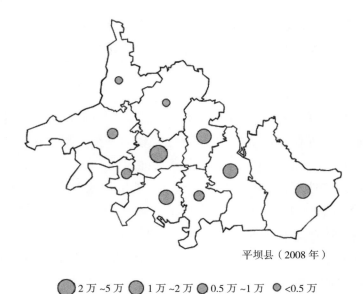

平坝县（2008 年）

⬤ 2 万 ~5 万　⬤ 1 万 ~2 万　● 0.5 万 ~1 万　• <0.5 万

图 3-8　平坝县城镇体系（2008 年）

来源：根据《平坝县总体规划》绘制

路、沪昆铁路等全国交通干线均穿越县境。公路密度为 1.14km/km^2，35% 为等级以上路面。

3.2.3　基本小康阶段：以遵义县为例

遵义县位于贵州省北部，隶属于遵义市。遵义县位于东经 106°17′~107°25′25″，北纬 27°13′~28°03′，面积为 4092km^2，2010 年第六次全国人口普查时全县常住人口为 94.3 万。

遵义县开发时间较早，属黔中地区较为富庶的地区。2011 年，农民人均纯收入为 6514 元，虽然仍未达到全国平均水平，但在贵州各县相对已处于最高水平。按照 2300 元的贫困标准，2011 年贫困人口为 20.5 万，农村贫困发生率为 17.7%，在贵州省内已处于较低水平。

3.2.3.1　自然系统特点

遵义县位于黔中多山丘陵地带，西北部与东北部高起，东、南、西三方均以深切河谷为界。县域内多丘陵盆地。道光《遵义府志》描述作为遵义府附郭的遵义县为"西连鳛道，南极牂牁。土地旷远，跨接溪洞。崇山复岭，陡涧深林"。

全县国土较为平旷，海拔主要集中于 800~1200m。坡度低于 6°的平地占全县面积的 24.0%，而坡度低于 15°适于农业耕作的缓坡地占 68.5%，坡度大于 25°的陡坡地占比仅为 6.8%[①]。

---

① 数据来源：贵州师范大学地理研究所，贵州省农业资源区划办公室.2000. 贵州省地表自然形态信息数据量测研究 [M]. 贵阳：贵州科技出版社.

遵义县的耕地资源较为丰富，耕地面积占全县面积的 30.1%。但因为开发较早，人口密度较大（293 人 /km²），以全县农业人口人均常用耕地面积也仅为 0.95 亩 / 人，耕地资源相对丰富。

3.2.3.2 经济与社会系统特点

遵义县紧邻遵义市区，受市区辐射作用较为明显，工矿业、服务业都发展较好，经济比较发达。人均地方生产总值 17946 元。农业生产中茶叶、辣椒生产等也已形成一定规模（图 3-9），并形成了整个西南地区最大的辣椒集散市场。

遵义县不仅在经济发展方面处于贵州省前列，其文化发展也可圈可点，清朝时期涌现的"沙滩"文化是其中一个典型代表。

"沙滩"是遵义县的一个小山村。明末，四川江安黎氏的一支迁居至此，在耕作农田的同时，崇尚诗书礼仪，奉行"耕读为业"的原则，迁居此地的黎氏始祖留下遗嘱"载月着犁锄，栉淋风露雨，嗟彼膝前人，相看默相依，诗书旧生涯，功名行潦水，呜呼金石言，世世宜循轨。"每代年青子弟均以诗书为业，增长知识、修养品德并涵养乡风。至清乾嘉时期，族人黎安理、黎恂父子辞官回家之后，先后兴办家塾"振宗堂"

图 3-9 茶叶采摘
来源：贵阳晚报 [N]，2011-03-18；
2012-03-23

与藏书楼"锄经堂"，为当地文化的制度性发展奠定了基础，家中子弟与附近少年乐学上进，营造了浓郁的读书向学的地方文化氛围。嘉庆年间，经过家学启蒙的黎氏子弟多前往距此不远的遵义府湘川书院就读，与当时一同就学的郑珍、莫友芝等交从甚密。此后，郑珍于沙滩附近的子午山兴建望山堂，莫友芝同样于附近青天山营建居所，黎家则继续于沙滩营建"藏诗坞"、"慕耕草堂"、"息影山房"等。在方圆几里范围内，黎、郑、莫三家诗书相闻、互相唱和，共同建设了一方文化家园。此后直至民国数百年间，沙滩学子世代涌现，学术著作频出，写出了被梁启超誉为"天下第一府志"的《遵义府志》。除了郑珍、莫友芝外，还出现了著名外交家黎庶昌，以及数以百计的诗人画家、举人进士，学者研究领域遍及经、史、版本考据、地理、天文、农学、医学等多个学科，不少学术成果居于西南乃至全国领先地位（表 3-1）。小山村本身亦被誉为"诗文之乡"、"书画之乡"、"大儒之乡",并在"清中叶曾为全国知名的文化区"[①]。

沙滩学人成果　　　　　　　　　　　　　　　　表 3-1

领域	著作
方志学	《遵义府志》(郑珍,莫友芝)、《全黔国故颂》(黎庶昌)
经学	《经说》、《仪礼私笺》、《轮舆私笺》(郑珍)
小学	《说文新附考》、《说文逸字》(郑珍),《邵亭知见传本书目》、《韵学源流》、《声韵考略》(莫友芝),《古逸丛书》(黎庶昌)
史地学	《欧洲地形考略》、《西洋游记》、《由北京出蒙古中路至俄都路程考略》、《由西北俄境西路至伊犁等处路程考略》、《丁亥入都纪程》(黎庶昌)
农学	《樗茧谱》(郑珍)、《农谈》(黎恂)
医学	《莕荛本草》、《脉法正宗》(黎兆普)
诗词	《野诗纪略》(莫友芝)、《黔诗纪略后编》(莫庭芝、黎汝谦、陈田)、《锄经堂诗文集》(黎安理)、《石头山人诗(词)抄》(黎恺)、《拙尊园丛稿》(黎庶昌)、《息影山房诗抄》(黎兆祺)、《巢经巢诗集》、《巢经巢文集》、《巢经巢诗抄后集》(郑珍)

来源:笔者整理

"沙滩文化"是在民众普遍开化的情况下,通过对文化教育的重视,从而形成的自觉的地域性文化现象。总结其原因,一为重视教育,二为文化交流与地方文化氛围的共同营建,三为当地人才关怀乡邦、回馈乡里的精神。三者共同促进,营造了文化氛围极为浓厚的地方家园,并且促进了地方经济、社会等各项事业的共同发展。

3.2.3.3　人系统特点

遵义县外出打工农村劳动力比例较高,达 32%。但因为城镇发育情况较好,产业吸纳能力强,劳动力外出的主要目的地是县城、周边城镇以及临近的遵义市区。村民在家门口能"有事可做",基本都在本地就业,很少往省外跑。比如遵义县当地村民说,"七八年前都往省外跑,现在都不了,就在家门口就有事情做"。在这些本地非农就业的农村劳动力中,从事较多的行业为工业、建筑业、批发与零售业和交通运输业。

全县人口平均受教育年限达到 7.82 年,文盲人口比例占 15 岁以上总人口的 8.8%。人口出生率为 12.36%,自然增长率为 5.65%。

3.2.3.4　居住与城镇系统特点

遵义城镇体系已形成"纺锤形"结构,在 2006 年,除县城城镇人口已接近 10 万人之外,还发育出一批人口在 1 万~5 万的中等城镇,人口低于 0.5 万的乡镇数量相对较少,这种类型的县域,形成的城镇网络往往较为完整,城镇体

[①]　刘学沫,史继中.2004.历史的理性思维:大视角看贵州十八题[M].贵阳:贵州教育出版社.

系的辐射能力与吸纳能力相对较强，因而城镇化率较高，城镇的产业发展能力也相对较强（图 3-10）。如遵义县沿"兰海高速"的"龙坑—南白（县城）—三合—乌江"一线已聚集起 4 个超过或接近 2 万人口的（2011 年数据）的城镇。

3.2.3.5　支撑系统特点

遵义县地处川黔交通干道，川黔铁路穿越县境。县域内还有 G65 兰海高速、遵赤高速、遵毕高速等分别联系贵阳、重庆、毕节、仁怀等地，对外交通联系十分方便。

遵义县建设成了较为完善的农村公共服务体系，农村配置活动室、幼儿之家、读书室、卫生室等"三室一家"，建设村民活动场地与运动场地（图 3-11）。

遵义县（2006 年）

◯ >5 万　◯ 2 万~5 万　◯ 1 万~2 万　◯ 0.5 万~1 万　• <0.5 万

图 3-10　遵义县城镇体系（2006 年）
来源：根据《遵义县总体规划》绘制

农村社区活动室

农村社区幼儿园与体育场

图 3-11　遵义县农村社区的部分公共服务设施
来源：笔者自摄

3.3　贵州县域人居环境的关键问题与制约机制

根据以上三个典型案例，笔者发现贵州县域人居环境主要存在人地关系紧张、城镇及产业发展落后、基础设施支撑能力不足以及地方特色文化正不断受到破坏等问题。这几个关键问题之间的相互作用，构成了人居环境对贫困产生的影响机制。

3.3.1 关键问题

前文以三个典型县域为例，概述了不同贫困程度的人居环境的一般特点。经总结，贵州贫困地区县域人居环境存在如下四个关键问题。人居环境的阶段特征，也根据四个核心问题的尖锐程度而体现出一定的差异。

（1）人地关系紧张。贵州特殊的地理构造造成了各县域水阻山隔、地面起伏严重的地形特点，可利用土地资源，尤其是耕地资源极为有限。另一方面各县人口较多且增长较快。两方面相叠加，形成了人口密度极大，人均耕地面积极少的特点，土地承载能力不足以满足众多的人口需求，存在大量的农村剩余劳动力。

（2）城镇及产业支撑薄弱。由于地形方面的限制和历史发展的影响，贵州各县的城镇发育一直较为缓慢，城镇化率、城镇密度等指标一直处于较低水平；地方产业发展十分滞后，县域经济发展落后。城镇与产业对整个县域的吸纳和带动作用发挥十分有限。

（3）基础设施条件支撑能力不足。由于闭塞地形以及落后经济等方面的原因，贵州各县的基础设施水平极为低下，交通往往构成各县发展的瓶颈，医疗、教育等社会服务水平也相对低下，基础设施对与县域人居环境的支撑能力极为不足。

（4）地方文化与地方特色不断被破坏。贵州被誉为"文化千岛"，各种地方文化多彩纷呈。但近些年受到城镇化与工业化大潮的影响，同时因为长期贫穷等带来的心理影响，普遍对地方文化持不自信态度，缺乏应有的文化自觉。因此，地方文化与地方特色不断受到破坏。

3.3.2 影响机制

前述论证了贫困的产生与人居环境五大系统紧密关联，但贫困是如何在其所处的的人居环境状况下产生的，需要对其产生的内在机制进行进一步的讨论。本文研究认为，借助于人居环境理论框架可以较为完整地解释当前贫困的产生，其内在机制如下。

（1）人地矛盾突出导致历史"贫困循环"

皮尔斯与沃德在《世界无末日：经济，环境与可持续发展》（World Without End:Economics, Environment and Sustainable Development）一书中指出"最为贫困的人群往往生活在世界上生态威胁最大，生态恢复能力也最弱的地区"（Pearce & Warford, 1993）。贵州各县生态脆弱、地形复杂、石漠化等地质灾害多发，受自然环境限制十分突出，韩昭庆（2006）等就指出早在清朝前期，由于大量人口迁入，大量开荒耕作以及开矿冶炼，使贵州省各地脆弱的生态受到严重破坏，石漠化现象在那时已经凸显。另一个重要的制约原因为耕地面积。贵州各县地形复杂，山谷切割现象严重，适宜耕作的平地与缓坡底比例较低，再加上灌溉困难，因此，土地资源量与粮食承载力严重不足。

但就在这种情况下，贵州各县人口压力一直很大，人口密度自清朝中后期以来，一直处于较高的水平。特殊的自然地理格局与人口分布的高密度构成突出的"人地矛盾"，在此矛盾下，农业部门长期处于低效率状态。由于有限的自然生态与资源不能承载，导致不能满足大量人口的吃饭需要。这是造成贫困的最初原因。贫困人口为了投入更多的农业生产，往往采取多生小孩尤其是多生男丁的办法，这进一步激化了本已十分突出的"人地矛盾"，形成了"越生越穷，越穷越生"的恶性循环，这也正是 Grant（1994）等人所述的"PPE"怪圈（贫困——人口过快增长——环境恶化——进一步贫困），也与黄宗智（1986[2000]，1992 [2000]）提出的"内卷化"十分相似。

"人地矛盾"以及由此产生的人口过快增长与环境恶化、人均土地资源进一步减少，形成了历史上贵州的"贫困恶性循环"，产生了大比例的农村贫困人口。而这也为当前进一步的贫困循环构成了基础。

（2）县域城镇发育不足、经济发展缓慢、支撑系统落后、三者相互作用

解决"人地矛盾"的核心在于控制人口快速增长，同时转移出剩余劳动力，提高当地的农业生产率。大多数理论认为人口从农业部门向工业部门、由农村向城镇的转移能够促进地方经济发展、消减贫困，上章的量化分析也证实了这一点。但是，贫困一旦形成，在由长期的落后的农业社会转向工业社会与城镇社会的进程中，各县面临着巨大的难题。人居环境的三大系统：经济与社会、居住与城镇、支撑系统都较为落后，且三者相互作用更加剧了这一状况。

县域经济发展缓慢。县域经济起步晚，发展缓慢。经济总量较小，难以形成规模效应。产业多以初级加工业为主，竞争力与抗风险能力都较弱。同时，产业链条较短，延伸行业窄，经济结构不尽合理。

城镇发育不足。在县域经济发育缓慢与基础设施薄弱的情况下，城镇发展极为缓慢，城乡割裂现象凸显，两大经济体系空间上处于分割屏闭状态。城镇对农村劳动力的吸纳能力有限、城镇集聚效应不明显，进一步阻碍县域经济的发展。

基础设施薄弱。受自然条件、经济基础、国家投入等原因限制，基础设施条件落后，县域闭塞情况未得到根本改善，县域不能纳入大市场体系与资本循环，比较优势无法发挥，进一步阻碍县域经济的发展。内部交通基础设施滞后，县域内资源配置效率低下。县域基础设施的整体滞后与空间分布不合理，城乡公共服务不平衡，乡村生产生活水平尤为低下。

产业发展的落后导致城镇缺乏发展的动力、也缺乏充足的资源对县域基础设施进行投资；城镇发育不足使产业发展缺乏良好的依托，使基础设施投入和公共服务始终处于较低水平；而低下的基础设施水平使经济发展和城镇发育都缺乏坚实的基础。三者相互作用，更进一步加剧了各自的落后状态。

（3）县域发展滞后，吸纳能力薄弱，形成新的"贫困循环"

突出的"人地矛盾"在"生产"出大量的贫困人群的同时，也产生了大量的剩余劳动力。由于县域空间吸纳剩余劳动力能力有限，导致大量外流，这不仅使得县域经济发展失去大量"生力军"，也导致大量的社会与文化问题，形成新的"贫困循环"。

县域空间吸纳剩余劳动力能力极为有限，劳动力大量外迁。大量人口具有强烈的由农村向城镇流动的需求与动力，但与县域城镇空间紧密联系的经济发展缺乏相应的吸纳能力。人口过剩是贫穷的原因之一，但单纯的人口输出能否解决贫穷问题却一直有很大疑问。假设贫穷果真由人口过剩引起，那么这一区域内的人口一旦减少，留下来的人就应该变富。但事实往往并非如此。贫穷的地方往往经历人口外流，人口的减少似乎能够提高留下的人们的平均占有资源水平，但事实通常是留下来的人的生活状况并未有效改善，甚至会越来越糟。简·雅各布斯以西弗吉尼亚的麦克道尔郡为例："（该郡）曾拥有97000人口，主要从事采煤，过着贫苦的生活。到1965年，人口降低至60000人，但《纽约时报》的报道称这些人变得比以往任何时候都穷，不得不领取救济金。"（雅各布斯，2007）本书前述调研也支持了这一结论。

因此，大量的剩余劳动力流向外界往往导致本地更为艰难的发展前景。首先，使本地产业发展失去多数生力军，城镇发展也失去了大量的驱动力。另一方面，外流的劳动力多处于青壮年，留下的"386199"部队[①]劳动能力、生活能力均相对较弱，进一步削弱了本地农业劳动生产力水平。

（4）产生大量社会与文化问题，不利于后续特色发展

大量劳动力外流的状况还动摇了传统县域社会构建的基础，对地方文化产生冲击。产生了地方社会空心化、留守老人赡养、留守儿童抚养与教育、乡村精英流失等严重的社会问题。发展落后导致文化不自信，原有多元的地域特色文化也受到破坏。

地区仍然欠发达，贫困不断产生。最终，在自然、人、经济社会、居住（城镇）、支撑五大系统共同作用下，各要素间相互的矛盾与不协调下，使得新的贫困现象不断产生。

---

① 分别以三个节日的称呼指代三类人群。38用以指女性、61用以指儿童、99用以指老人。

3.4　本章总结

本章在人居环境科学五大层次（全球、区域、城市、社区、建筑）（吴良镛，2001）的基础上，针对广大农村地区的特点，着重在县域层次展开对人居环境的研究。县域是人居环境的特定区域之一，同时也是构成中国广大农村地区的基本单元。笔者尝试构建了由县域自然系统、人系统、经济与社会系统、居住与城镇系统、支撑系统构成的五大系统分析框架。

笔者认为人居环境随贫困程度的不同具有阶段性特点，根据贵州各县域不同的发展情况与贫困程度，构建了县域人居环境在"极度贫困"、"总体温饱"、"总体小康"的三个阶段，并根据三个阶段的不同情况总结存在的关键问题。

本章根据案例归纳与理论演绎，认为贵州省县域人居环境的制约条件主要为以下四条：人地关系紧张；县域经济与城镇发育滞后；基础设施落后；地方社会基础与特色文化存在的基础正在动摇。并且归纳了人居环境对贫困的产生机制。

第4章

——

贵州县域贫困的空间分布与聚集趋势

考察贫困的空间分布情况，既是构建贫困与空间关联的第一步，也为分析县域人居环境阶段性特点与提出人居环境建设针对性措施奠定基础。本章采用贵州省各县农村贫困发生率与农民人均纯收入的 2011 年数据，并回溯历史情况，通过空间统计分析方法，讨论贫困的当前空间分布情况，及其空间分布的演变历史与聚集趋势。

4.1　理论假设、变量选择与方法

4.1.1　理论假设

传统对于贫困问题的研究都比较少地直接讨论贫困的空间聚集情况。但当在面向贫困治理措施的研究方面，近年出现了应更重视"贫困区域"还是"贫困人群"之间的争论。部分学者（朱玲，1996；张新伟，1998；段庆林，2001）就认为应更加重视"贫困人群"，认为贫困治理措施应更加准确地"瞄准"个性化的贫困人口与贫困需求，而非区域性的治理措施。与之相对应，另一部分学者则支持区域性的贫穷化论点，如瑞福林和沃登（Ravallion & Wodon，1997）在"是贫穷区域，还是贫穷人群"一文中，通过实证数据，证明区域性的贫困更加显著，并且区域性的贫困治理措施成效更大，张巍（2008）等国内学者也持相同观点。

正如前文论述，人居环境理论认为空间承载物质实体的存在与事件的发生发展，因此，物质的存在与事情的发展不可避免地与所在空间发生关联，进而社会生活形成的秩序、结构、格局往往与空间有直接或间接的关联。因此，贫困应在空间分布上体现出相应的特点，并且存在显著的聚集情况。

本章利用贵州各县的相关数据，建立贫困与空间之间的关联，描绘贫困的空间分布特征，判定贫困是否存在县域层面空间聚集，以此作为展开研究的最基础的一步。一方面，本章通过贵州省 2011 年的相关数据，尤其是在 2300 元新贫困标准下的农村贫困发生率，对当前贵州各县的贫困发生的空间分布情况进行描述。另一方面，本章还利用自 1980 年以来的历史数据，通过 ESDA 等空间统计方法，描述贫困在空间分布上历史演变情况，分析其聚集趋势。

4.1.2　变量选择

本节分别以贵州省 75 个县（县级市、特区）以及全部 88 个县级行政区 [①] 的数据为基础，运用 GIS 与空间统计分析方法，对上述假设进行实证检验。数据来源于各年的《贵州统计年鉴》。

在变量选择方面，当前对于贫困的度量方法有贫困发生率，贫困缺口率，多维贫困指数等。为便于数据获得，本节采用农村贫困发生率与农民人均纯收入两项指标，对两项指标的结果进行综合分析。农村贫困发生率指收入低于当年国家公布贫困标准线的人口占总人口的百分比，这一指标代表了最低收入群体的比例。农民人均纯收入指农村居民扣除获得收入发生费用之后的当年各个来源渠道得到的人均总收入，代表的是整个农民群体的贫富情况。两项指标有所差别，相结合能够较为全面地了解到一个地区的整体贫困发生情况。

4.1.3　空间统计分析方法

地理学通常认为，事物或属性在空间上存在相关关系，"任何事物都相关，相近的事物关系则更加密切"（Tobler，1970），几乎所有的空间数据都存在空间依赖性（Goodchild & Haining，1992；陈斐等，2002）。空间统计分析方法是指使用统计学、空间图形学等工具研究具有地理空间信息的对象的相互作用与变化规律的一种方法（Griffith，1984；Getis and Ord，1992），该方法主要考虑变量在与地理位置相关的区域间的空间依赖、空间关联与空间聚集现象（鲁凤等，2007）。目前，空间统计分析方法的运用已经扩展到经济、农业、林业、资源、医学等多个领域，其中，吴玉鸣等（2004），陈斐等（2002），鲁凤等（2007），张晓旭等（2008）多项研究成果表明区域经济发展存在较强的空间自相关特性，呈现出区域经济聚集的特点。任家强等（2010），肖根如等（2006），李航飞等（2007）还以县域为研究单元，对辽宁、福建、江西等省份的县域经济发展情况进行了空间关联分析。但是，针对贫困现象的空间统计分析方法还比较欠缺，尤其是以县域为单元的贫困关联与贫困聚集研究十分缺乏。

本章第三节主要采用空间统计分析方法中的探索性空间数据分析（Exploratory Spatial Data Analysis，ESDA）技术，通过 Moran's I 指数、LISA 聚集地图等方法，借助农村贫困发生率与农民人均纯收入两项度量贫困的关键性指标，对贫困的空间聚集情况进行研究。

主要步骤是首先按距离构建县域为单元的空间权重矩阵，然后在此基础上，计算

[①] 在本章第二节中，因为主要考查贵州各县贫困分布现状，同全书的研究范围一致，选择为不含市辖区在内的 75 个县（县级市、特区）。在本章第三节，为便于考察贫困在贵州省的高值聚集与低值聚集情况，数据选择了包括市辖区在内的全省 88 个县级行政区。

Global Moran's I 指数来表征整体的空间聚集程度，然后计算 Local Moran's I 指数，形成 Moran 散点图与 Moran 散点地图，以及 LISA 集聚地图（计算公式见附录）。

4.1.3.1 全局空间自相关

全局自相关衡量指标在空间的整体聚集程度，由 Global Moran's I 指数来指征。I 值取值为 [-1, 1] 区间，正值代表存在正的空间相关，即相似的观测值呈现集聚现象，负值代表存在负的空间相关，即相似的观测值呈现分散现象。I 值愈趋近于 1，代表空间集聚趋势愈加强烈；0 值则代表完全随机分布。

4.1.3.2 局部空间自相关

全局空间自相关只提供了由多个单元构成的整体就某一变量的空间分布的分散与集聚程度。当需要进一步考察变量观测值具体在哪些局部空间发生集聚，以及哪几个局部单元对全局空间自相关的贡献值更大时，需要进一步采用局部空间自相关分析，本书主要采用 Moran 散点图及散点地图，LISA 集聚地图两种方式进行研究。

（1）Moran 散点图与 Moran 散点地图

Moran 散点图用来研究局部对象的空间关联情况。散点图的横轴一般为变量在不同对象的观测值量（z），纵轴一般为"空间滞后"量（Wz，即邻接或邻近单元观测值的空间加权平均值），相应构成了 Moran 散点图（Moran Scatter Plot）（Anselin，1996；马荣华等，2007）。当两坐标值均经过标准化处理后，散点图的线性拟合的相关系数即等价于全局 Moran's I 系数。

通过观察散点在 Moran 散点图四个象限的分布情况，还可以判别区域内对象的局部空间关联模式。①当散点对应对象位于第一象限时，对象观测值大于均值，"空间滞后"也大于均值，可称为"高—高"聚集，代表对象与周边都处于较高水平，变量在对象处形成"高值集聚"；②当散点对应对象位于第二象限时，对象观测值大于均值，"空间滞后"小于均值，可称为"高—低"聚集，代表对象明显高于周边水平；③当散点对应对象位于第三象限时，对象观测值小于均值，"空间滞后"小于均值，可称为"低—低"聚集，代表对象与周边一道处于较低水平，变量在对象处形成"低值集聚"；④当散点对应对象位于第四象限时，对象观测值小于均值，"空间滞后"大于均值，可称为"低—高"聚集，代表对象明显低于周边水平。

将 Moran 散点图四个象限对应的不同对象分别以不同的颜色标注于地图中，即生成 Moran 散点地图（Moran Scatter Map）。相比 Moran 散点图而言，Moran 散点地图具有直观、清晰的特点，并且将上述不同空间关联模式直接可视化于地图之上，能清楚地发现四种模式对应的空间位置以及空间分布格局特征，能清楚识别变量在空间上的聚集分布情况。

（2）LISA 显著性与 LISA 集聚地图（LISA Cluster Map）

局部空间关联指标（Local Indicators of Spatial Association, LISA）

是一系列的能够表明局部空间集聚情况并与全局空间关联度指标相关的统计量（Anselin，1995）。LISA 在局部空间关联分析中的主要作用有两个：①识别局部的空间集聚即"热点"；②识别局部的非平稳性，即突变点（马荣华等，2007）。在本文中，LISA 主要通过 Local Moran's I 指数来计算。

对 Local Moran's I 指数同样进行显著性检验后，可以将经过一定显著水平（本文取 95%）的对象标示出，形成 LISA 显著性地图（LISA Significance Map）。

LISA 显著性地图与 Moran 散点地图结合，生成 LISA 集聚地图（LISA Cluster Map）。LISA 集聚地图标识出了经过 LISA 检验显著且对应于 Moran 散点图中不同象限的对象。在研究中，可以作为空间"热点"与"突变点"的标识。

4.2　贵州县域贫困的空间分布现状

本节首先通过 2011 年各县的最新统计数据，以农民人均纯收入与农村贫困发生率两项指标，对当前贫困在各县的空间分布情况进行概述。

4.2.1　以农民人均纯收入衡量

考察省内农民人均纯收入情况（图 4-1），呈现出黔中地区较高，周边地区收入低的现象，并且农民收入较低的地方集中于各县。收入最高的县基本都是

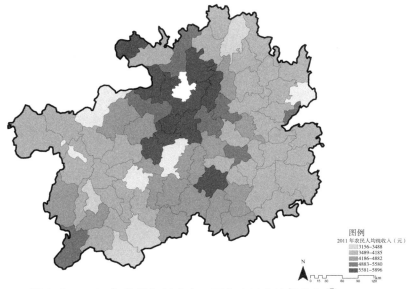

图 4-1　2011 年贵州各县（市、区）农民人均纯收入 [①]
数据来源：《贵州统计年鉴 2012》

---

① 图中空白处为贵州省 6 个地级市的 13 个市辖区，下同。

黔中地区贵阳市与遵义市下辖县，收入最低的县（市）集中于黔西北、黔西南、黔东南、黔东北地区。

　　总体而言，贵州各县农民人均纯收入水平不高。全省最高县为清镇市，也仅6898元，仍未达到全国平均水平。而低于全省平均水平的县则全部位于上述西北、西南、东南、东北的边远地区。其中，最低的望谟（3156元）、册亨（3317元）、晴隆（3465元）、务川（3463元）等33县未达到4000元水平。

4.2.2　以农村贫困发生率衡量

　　在2300元的贫困新标准线下，贵州2011年共计1149万贫困人口。从图4-2可以看出，贵州贫困人口主要集中在各县（县级市、特区），尤其在边远地区的县尤为集中。全省贫困人口呈现"环黔中地区"的"U形"分布态势，除黔中贵阳市、遵义市贫困人口数量较少之外，其余各县市均有大量的贫困人口分布，尤其是黔西北、黔东南与黔东北地区的县（市），贫困人口数量十分大。

图 4-2　2011 年贵州省贫困人口分县（市、区）分布情况
数据来源：《贵州统计年鉴 2012》

　　从农村贫困发生率则可以更为明显地看出空间分布情况，图4-3为2011年各县农村贫困发生率。贫困发生率在24%以下的县共有12个，除黔西南州的首府兴义市（16.5%）之外，其余11个县全部位于黔中地区，多数为贵阳市与遵义市的辖县。而贫困发生率高于全省平均（33.4%）的共有48个县，全部位于省内西部、东部与南部地区。其中，位于西南部与东南部的晴隆（56.2%）、册亨（54.8%）、望谟（50.8%）、平塘（50.2%）、三都（50.1%）五县，农村贫困率达到了惊人的50%以上。

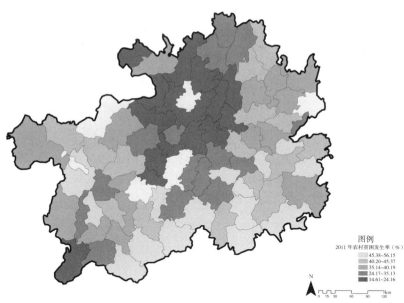

图 4-3　2011 年贵州各县（市、区）贫困发生率

数据来源：《贵州统计年鉴 2012》

4.3　贵州县域贫困的空间分布演变历史与聚集趋势

4.3.1　以农民人均纯收入衡量

本节选取 1980-2010 年贵州各县区农民人均纯收入的统计数据[①]，进行相应分析，计算结果如下。

4.3.1.1　Moran's I 指数

贵州省 1980–2010 年农民人均纯收入的 Global Moran's I 估计值　　　表 4-1

年份	Moran's I	Sd	Z-value	年份	Moran's I	Sd	Z-value
1980	0.2176	0.0585	3.9143***	2000	0.6614	0.0547	12.3030***
1985	0.4494	0.0547	8.3858***	2005	0.6962	0.0531	13.3413***
1990	0.5821	0.0556	10.6549***	2010	0.7434	0.0549	13.7320***
1995	0.4544	0.0558	8.2752***				

注：采用 k-Nearest 法创建空间权重矩阵，K=6。表中 Sd（Standard Deviation）值与 Z-value 为对 Moran's I 进行统计检验的值，采取 999 permutations 获得较为稳定的检验值。Z-value 上标 *，**，*** 分别代表结果在 0.05，0.01，0.001 水平上显著。

如表 4-1 所示，贵州省各县区的农民人均纯收入的全局 Moran's I 统计量在 1980 年为 0.2176，表明农民收入的空间聚集情况在改革开放初期相对并不明显，

[①]　数据来源：《贵州六十年》，《贵州统计年鉴 2010》。

这一方面是因为农民收入在当时并未有较大分化，各县区的农民收入差距不大，另一方面是因为高收入县区与低收入县区往往呈现高低错杂的现象，并未发生明显的空间聚集。

但 1980 年之后 Moran's I 指数快速增长，1985 年即达到 0.4494，1990 年即已达到较高水平的 0.5821，经 1995 年的小幅回落之后继续上升，2010 年的全局 Moran's I 统计量已上升至 0.7434，达到了非常高的水平，且显著性水平不断提高。表明以农民人均纯收入度量的贫困在空间分布上具有极为明显的正相关性，贫困存在高度的空间聚集现象。且 1980-2010 年间指数的快速增长表明，改革开放 30 年以来贫困的空间聚集现象不断强化。

4.3.1.2　Moran 散点图与散点地图

本节选取 1980 年、1990 年、2000 年与 2010 年四个截面，重复上述方法与步骤，对贵州省各县区农民人均纯收入的局部空间自相关情况进行分析，结果如表 4-2 所示，分别显示了 4 个截面上的 Moran 散点图上各象限对应县区的数量与 Moran 散点地图。

贵州各县域 1980-2010 年农民收入空间聚集的分类情况　　　　表 4-2

年份	"高——高"聚集		"高——低"聚集		"低——低"聚集		"低——高"聚集	
	数量	比重	数量	比重	数量	比重	数量	比重
1980 年	20	23.5%	14	16.5%	35	41.2%	16	18.8%
1990 年	28	32.6%	11	12.8%	33	38.4%	14	16.3%
2000 年	23	26.1%	7	8.0%	48	54.4%	10	11.4%
2010 年	22	25.0%	8	9.1%	49	55.7%	9	10.2%

注：由于行政区划变更，各年度的县区总数有一定变化。据《贵州六十年》，1980 年、1985 年共有 85 个县级统计单元，1990 年有 86 个县级统计单元，1995 年有 87 个县级统计单元，2000 年以后有 88 个县级统计单元。

从表 4-2 可以看出，贵州各县区仍然大部分属于"高——高"聚集与"低——低"聚集类型，两个类型的县区数之和占总数的 60% 以上，2000 年之后这一比例甚至超过了 80%。而属于"高——低"聚集"低——高"聚集的县区数量一直很少，且一直处于降低的趋势。至 2010 年，两者的比例均只占到 10% 左右。证明以农民人均纯收入为度量的贫困情况分化愈加严重。尤其值得注意的是"低——低"聚集区域，至 2010 年，超过 50% 的县区位于"低——低"聚集区域，表明贵州省超过半数的县区贫困现象处于较为明显的情况，且其空间滞后值（空间加权平均）也处于较低的状态，代表贫困现象已经呈现出较为严重的空间聚集状态。

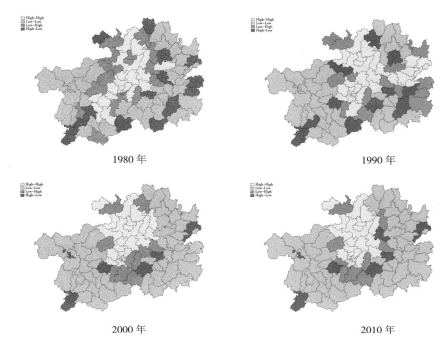

图 4-4　1980–2010 年贵州农民人均纯收入的分县 Moran 散点地图
来源：笔者自绘

图 4-4 显示了贵州各县区自 1980 年以来以农民人均纯收入度量的贫困情况的聚集情况。"高——高"聚集在 1980 年还呈现出相对较为随机的空间分布形态，随时间推移愈加趋于集中，至 2010 年已完全集中于黔中地区，表明贵阳，遵义等中心城市的辐射和极化作用愈加强烈。

"低——低"聚集的趋于集中趋势更为明显，1980 年"低——低"聚集区域还较为分散，后随时间推移逐渐聚集化，至 2010 年已形成了较为明显的东西两片，分别为，（1）西部贫困聚集带，主要包括毕节市、六盘水市、黔西南州、黔南州下辖的大部县；（2）东部贫困聚集带，主要涵盖了遵义市、黔南州下辖的部分县和铜仁市、黔东南州下辖的绝大部分县。

"高——低"聚集的分布趋于减少，1980 年广泛散布于全省的大部地区，但随着时间推移逐渐向"高——高"聚集与"低——低"聚集转化，至 2010 年已减少至 7 个县区，基本全为地级市市区以及民族自治州首府所在地。

"低——高"聚集的分布也日趋减少，并集中于黔中地区外围县。自改革开放以来，这一区域涵盖的县区日渐减少，大多受中心城市的辐射作用影响大幅提高农民人均纯收入，因而加入"高——高"聚集行列。

整体而言，从 1980 年至 2010 年，以农民人均纯收入度量的贵州各县（市、区）贫困空间聚集情况呈现出分化逐渐明显、贫困聚集不断加强、贫困聚集区域逐渐扩展且明晰化的特点：

（1）1980年人均收入的"高——高"聚集与"低——低"聚集区域呈现出较为错杂的情况，"高——低"聚集与"低——高"聚集区域数量较多，且分布广泛，2010年已基本形成中部的"高——高"聚集区域与东、西两条"低——低"聚集带，"高——低"聚集与"低——高"聚集区域数量大为减少，说明农民收入的空间分化现象愈加明显。

（2）针对贫困聚集区域（也即农民人均纯收入的"低——低"聚集区域）而言，30年演变过程基本呈现出贫困聚集区域数量扩大，贫困聚集区域界限日益清晰的特点，"低——低"聚集县区数量由1980年的35个增加至2010年的49个，已接近全省县区数量的60%，空间分布上也日趋集中，东、西两条贫困聚集带与中部地区的界限日趋明显。2010年，农民人均收入的空间聚集情况已经完全呈现为"圈层"模式，分别为内核中部地区的"高——高"聚集区，中圈由"低——高"或"高——低"聚集县域构成的缓冲圈，外圈由大量的"低——低"聚集区，仅有少量几个自治州首府所在地与城市城区散布于外圈贫困区。

4.3.1.3 LISA 集聚地图

农民人均纯收入作为度量"贫困"深浅程度的另一个维度，其空间集聚的显著情况从另一个方面反映出贫困集聚的"热点"与"突变点"。图4-5以10年

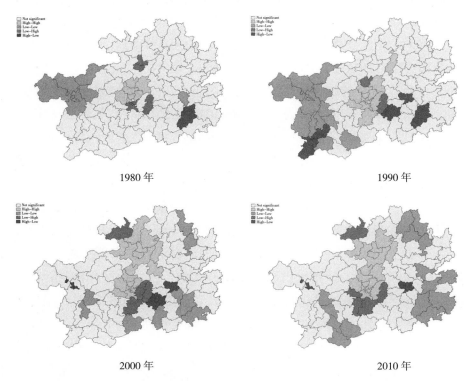

1980 年   1990 年

2000 年   2010 年

图 4-5　1980—2010 年贵州各县区农村贫困发生率的 LISA 集聚地图
来源：笔者自绘

为一个周期,揭示了 1980-2010 年通过显著性检验并以"高——高","低——低","高——低"与"低——高"聚集的四类县区。

1980 年,农民收入的空间聚集情况相对不甚明显,形成的聚集核心区域范围也较小。农民收入"高——高"聚集核心在贵阳市的几个城区出现,规模较小,影响范围也较为有限。农民收入"低——低"聚集则主要出现在黔西北毕节市(当时为毕节地区)的下辖县市,形成贫困的"凝聚核",此外,黔东南的台江县也位于一片贫困聚集区域的核心。"低——高"聚集与"高——低"聚集的核心呈零星状态。

1990 年,农民收入"高——高"聚集的核心区域有所扩大,涉及贵阳市周边的几个县市,代表中心城市的经济辐射影响范围有所扩大,在北部还出现了这个新的聚集核心——湄潭县,湄潭县及周边的遵义市部分县区农业基础较好,发展较为充分,开始逐渐发育成为另一个主要的辐射极。农民收入"低——低"聚集的核心区域范围进一步扩展,形成了西部涵盖毕节地区、六盘水市与黔西南州下辖大部县的贫困集中核心地带。涌现了 5 个"高——低"显著性聚集区域,主要是 3 个少数民族自治州首府所在地及其周边县,代表位于低农民收入县市"包围"中的高农民收入县市,代表这一区域在行政层级、城市规模等因素影响下,其经济发展处于"极化"发展阶段,因而其农民收入明显高于周边县。"低——高"显著性聚集区域出现在贵阳市周边的两个县,是地理上靠近中心城市,但接受中心城市辐射相对较少,农民收入与周边县区相比较少的县。

2000 年,全省贫困聚集格局有了较大变化。首先是农民收入"高——高"聚集的核心区域继续扩大,贵阳、遵义两市的辐射带动能力进一步加强,市区及周边县市的农民人均收入高于其他地区,因此形成了涵盖 18 个县区的中部"高——高"聚集核心。其次,农民收入"低——低"聚集的核心区域"化整为零",在空间布局上由西部带状核心区域变成多个点状核心,西部晴隆县与六枝特区,南部罗甸县与独山县,东南部雷山、榕江、从江 3 县,东北部沿河、印江 2 县,共形成了 4 个贫困聚集核心,且广泛分布于省内除中部以外的其他地区。"高——低"显著性聚集区域减为 3 个,为黔东南、黔南两个少数民族自治州的州府所在地与六盘水市城区。"低——高"显著性区域仍然为紧接着中北部"高——高"聚集核心区域的县,地理位置上较 1990 年外移较多,代表中心区域的辐射带动的涵盖区域愈加扩大。

2010 年,农民收入"高——高"聚集的核心区域相对稳定,在贵阳、遵义两中心城市带动下,省内中北部地区的大部分县市农民收入大幅高于其他县,形成省内农民收入聚集的"高地"。农民收入"低——高"聚集范围扩大,涉及县数量大大增多，并形成 3 片核心区域，分别为：（1）由六枝、关岭、贞丰、册亨、望谟五县构成的西部"贫困"核心，其周边聚集的贫困区域主要为毕节市、六盘水市、黔西南州与黔南州的下辖县；（2）以镇远、剑河、天柱、黎平、从江、榕江六县为核心的东南贫困聚集地带，周边聚集的贫困区域主要为黔东南州的下辖县；（3）以务川、沿河、德江、印江四县为核心的西北贫困聚集地带，周边聚集了铜仁市下辖的县与遵义市北部的部分县。"高——低"与"低——高"显著性聚集区域基本保持稳定。

考察 LISA 聚集地图由 1980 至 2010 年的演变过程，总结出如下农民人均纯收入聚集核心地带的演变特点：（1）"高——高"聚集核心地区始终位于中部地区，由贵阳、遵义两市的城区以及周边县市构成，范围逐渐扩大，至 2000 年起已经连亘成片；（2）"低——低"聚集核心地区，也即贫困聚集的核心由 1980 年主要集中于西部一片数县，变为广泛散布于西部、东南部、东北部的三片，对应县的数量也大为增加，代表省内贫困现象已经出现多个聚集"洼地"，这些聚集核心周边积聚了大量的贫困县，将是接下来进行扶贫攻坚的主战场。

4.3.1.4 县域是农民收入"低——低"空间聚集的主要地区

通过对全省农民人均纯收入的 Moran 散点地图和 LISA 聚集地图的考察，我们可以发现县域是贫困发生率"低——低"空间聚集的主要地区，即县域是以农民人均纯收入考量下的贫困高度空间聚集的区域。

如表 4-3 所示，1980-2010 年 4 个横断面的考察中，除了 1990 年刚设立的六盘水市城区——钟山区之外，其余所有的"低——低"聚集地区对应的均为各农村地区的广大县域，且聚集范围不断扩大，至 2010 年已增加到 49 个县（市、特区），占全部县数量的大半，面积占比则更大。贫困聚集的核心区域也不断扩大，1980 年为 6 县（市），2010 年已扩展至 15 县（特区），贫困正以这些县为核心，扩展至极大的范围。

<table>
<tr><td colspan="3">1980-2010 年农民人均收入"低——低"聚集对应县区</td><td>表 4-3</td></tr>
</table>

年份	"低——低"聚集对应县区	显著"低——低"聚集对应县区
1980 年	（30 县，3 县级市，2 特区）沿河、务川、德江、松桃、印江、江口、万山特区、岑巩、赫章、威宁、纳雍、三穗、剑河、水城、台江、雷山、黎平、丹寨、盘县、三都、普安、从江、独山、贞丰、望谟、镇远、六枝特区、大方、平塘、惠水、毕节市、玉屏、凯里市、都匀市、安龙	（5 县，1 县级市）毕节市、纳雍、赫章、威宁、水城、台江
1990 年	（30 县，1 县级市，1 特区，1 地级市城区）普定、镇宁、紫云、麻江、关岭、荔波、道真、沿河、务川、德江、印江、赫章、威宁、纳雍、水城、雷山、丹寨、盘县、三都、普安、从江、独山、贞丰、望谟、六枝特区、大方、毕节市、钟山区、安隆、晴隆、册亨、织金、凤冈	（10 县，1 县级市，1 特区）毕节市、纳雍、赫章、威宁、水城、六枝特区、盘县、普安、晴隆、关岭、安龙、望谟

年份	"低——低"聚集对应县区	显著"低——低"聚集对应县区
2000 年	（45 县，1 县级市，2 特区） 施秉、江口、万山特区、岑巩、三穗、镇远、榕江、兴仁、罗甸、思南、剑河、普定、镇宁、紫云、麻江、关岭、荔波、道真、沿河、务川、德江、印江、赫章、威宁、纳雍、水城、雷山、丹寨、盘县、三都、普安、从江、独山、贞丰、望谟、六枝特区、大方、毕节市、安龙、晴隆、册亨、织金、石阡、锦屏、天柱、松桃、台江、黎平	（7 县，1 特区） 沿河、印江、雷山、榕江、从江、独山、六枝特区、晴隆
2010 年	（46 县，1 县级市，2 特区） 施秉、江口、万山特区、岑巩、三穗、镇远、榕江、兴仁、罗甸、思南、剑河、普定、镇宁、紫云、麻江、关岭、荔波、道真、沿河、务川、德江、印江、赫章、威宁、纳雍、水城、雷山、丹寨、盘县、三都、普安、从江、独山、贞丰、望谟、六枝特区、大方、毕节市、安龙、晴隆、册亨、织金、石阡、锦屏、天柱、松桃、台江、黎平、正安	（14 县，1 特区） 务川、沿江、印江、德江、镇远、天柱、剑河、黎平、从江、榕江、六枝特区、关岭、贞丰、册亨、望谟

由此可以看出，农民人均纯收入较低的区域在空间上主要呈现出聚集于县域的特点，并且这一趋势正不断强化。以县为单元，推进扶贫攻坚，时不我待。

4.3.2　以农村贫困发生率衡量

本节收集 2004-2010 年贵州各县区农村贫困发生率数据 [①]，以此为度量指标来进行贵州各县区贫困情况的 ESDA 分析，以下是分析结果。

4.3.2.1　Moran's Ⅰ指数

贵州省 2004-2010 年农村贫困发生率的 Global Moran's Ⅰ估计值　　表 4-4

年份	Moran's I	Sd	Z-value	年份	Moran's I	Sd	Z-value
2004 年	0.5196	0.0553	9.6060[***]	2008 年	0.6066	0.0540	11.4424[***]
2005 年	0.5196	0.0564	9.4167[***]	2009 年	0.6030	0.0554	11.1404[***]
2006 年	0.5249	0.0546	9.8263[***]	2010 年	0.6015	0.0550	11.1838[***]
2007 年	0.5600	0.0566	10.0546[***]				

注：采用 k-Nearest 法创建空间权重矩阵，K=6。表中 Sd（Standard Deviation）值与 Z-value 为对 Moran's I 进行统计检验的值，采取 999 permutations 法获得较为稳定的检验值。Z-value 上标 *，**，*** 分别代表结果在 0.05，0.01，0.001 水平上显著。

表 4-4 列出了 2004 年至 2010 年贵州省农村贫困发生率的全局 Moran's Ⅰ统计量，每年的 Moran's Ⅰ统计量都高于 0.5，其水平较为显著，表明以农村贫困发生率度量的贫困在空间分布上具有明显的正相关性，说明全省各县区尺度的

---

① 贫困线为当年国家统一划定线，每年均有所调整。但考虑空间聚集研究的是各县的贫困相对聚集情况，因此贫困线的调整对空间聚集情况应该不会产生偏向性的影响。数据来源自《贵州六十年》、相应年份《贵州统计年鉴》等。

贫困分布并非表现出随机状态，而是较为强烈地表现出与空间的依存关系，即贫困存在高度的空间聚集现象。同时，Moran's I 统计量还由 2004 年的 0.5196 逐年增长至 2008 年的 0.6066，而后轻微回落至 2010 年的 0.6015，表示农村贫困发生率的空间聚集现象在 2004-2008 年间逐年加强，只在 2009 年与 2010 年才有轻微的减轻。

4.3.2.2 Moran 散点图与散点地图

本节选取 2005 年与 2010 年两个截面，利用开源的 OpenGeoDa 等软件，对贵州省各县农村贫困发生率的局部空间自相关情况进行分析，图 4-6 与表 4-5 分别显示了两年的 Moran 散点图与各象限对应县区的数量。

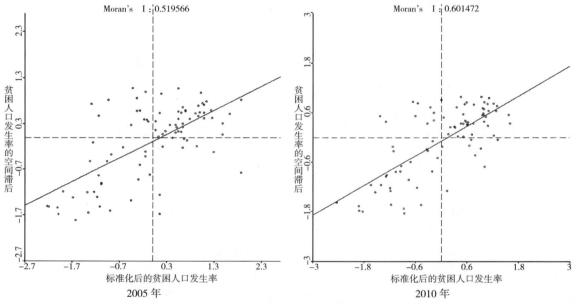

图 4-6 2005、2010 年贵州各县区农村贫困发生率的 Moran 散点图

来源：笔者自绘

贵州各县域 2005、2010 年贫困发生率空间聚集的分类情况 表 4-5

年份	"高——高"聚集		"高——低"聚集		"低——低"聚集		"低——高"聚集	
	数量	比重	数量	比重	数量	比重	数量	比重
2005 年	39	44.3%	10	11.4%	27	30.7%	12	13.6%
2010 年	42	47.7%	8	9.1%	29	33.0%	9	10.2%

来源：笔者自制

对比两个年度的散点地图和空间聚集情况，绝大多数县区位于第一象限与第三象限，2005 年两象限内县区总数超过 75%，在 2010 年甚至超过 80%，表明绝大部分县处于贫困发生率的"高——高"聚集与"低——低"聚集地区中。

因此整体表现出较强的正相关性，空间聚集情况十分突出。第一象限（"高——高"聚集）的县区数量高于第三象限（"低——低"聚集）的县数量，在 2010 年的比例甚至接近 50%，表明接近一半的县区位于贫困发生率的"高——高"聚集区域。

我们可以发现贫困"高——高"聚集的县区数目由 39 增加至 42，如黔东南州的镇远县与天柱县与周边高贫困发生率的县区差距逐渐缩小，跌入贫困"高——高"聚集区域。"低——低"聚集的县区数量也由 27 个增加到 29 个，地处贵阳市周边的龙里县与麻江县，农村贫困发生率降低较快，因此进入贫困的"低——低"聚集区域。进入两个区域的县区数量增加代表贫困发生率的两极分化情况更加突出，贫困高发地区的聚集情况更加令人担心。

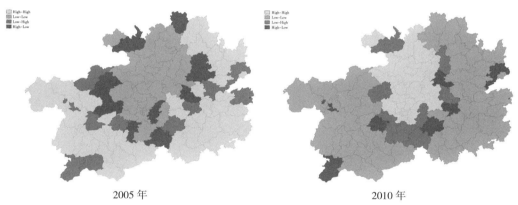

2005 年　　　　　　　　　　　　2010 年

图 4-7　2005 年、2010 年贵州各县区农村贫困发生率的 Moran 散点地图

来源：笔者自绘

通过散点地图（图 4-7）可以直观地发现以贫困发生率度量的贫困的空间聚集分布情况。如"低——低"聚集区域占据了黔中地区大部分县市，而剩下西部、东部两翼基本为"高——高聚集区域"。且从 2005 年至 2010 年，这两区域都呈扩大趋势，并逐渐整合成三大集中区域，分别为：（1）中部低贫困发生率聚集地区，包含约 28 个县区，主要为贵阳、遵义两市市区与周边县市；（2）西部高贫困发生率聚集地带，包含约 17 个县，主要为毕节市、六盘水市、黔西南州与黔南州下辖的县；（3）东部高贫困发生率聚集地带，包含约 25 个县，主要为铜仁市、黔东南州、黔南州下辖的县。

"高——低"聚集与"低——高"聚集县区的数量都十分有限，"高——低"聚集（即位于低贫困发生率县区"包围"中的高贫困发生率县区，图中的深色区域）多为黔中地区边缘的县区，"低——高"聚集（即位于高贫困发生率县区"包围"中的低贫困发生率县区）多为各地级市城区与自治州州府所在地，呈零星状分布。

4.3.2.3　LISA 集聚地图

Moran 散点图与散点地图并未根据显著性水平进行筛选，因此有必要借助 LISA 地图来进一步分析空间聚集的情况。图 4-8 与图 4-9 分别显示了 2005 年与 2010 年空间聚集在 95% 水平上显著的县区。

LISA 能够对贫困的空间聚集进行更深入的探测。通过显著性检验的 LISA 值代表该对象的贫困现象并非随机出现，而是较为显著地与周边地区的动态变化相关，从而建立起与空间的显著关联。就农村贫困发生率而言，显著的局部高值代表高贫困发生率的县区在此对象周围明显地聚集，大部分由贫困县相构成，形成"贫困洼地"；而显著的局部低值则代表低贫困发生率的县区在此对象周围明显聚集，代表着经济发展水平较高，贫困现象较不明显的地区，多为中心城市城区以及周边受其经济辐射的县市。在此意义上讲，LISA 集聚地图揭示的贫困分布特征可以与区域经济学"中心——边缘"的理论解释相一致。在某种程度上可以看作贫困在空间分布上已经形成了聚集的"核心"以及受"核心"影响的贫穷区域。

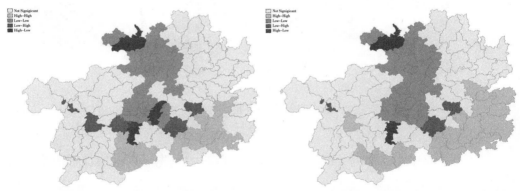

图 4-8　贵州省 2005 年农村贫困发生率的分县 LISA 集聚地图（LISA Cluster Map）
来源：笔者自绘

图 4-9　贵州省 2010 年农村贫困发生率的分县 LISA 集聚地图（LISA Cluster Map）
来源：笔者自绘

2005 年，以农村贫困发生率度量的贫困现象，其聚集"核心"主要分布于黔东南州与黔南州下辖的县。与之相反，贫困现象不明显的县区主要聚集在省内两大中心城市"贵阳——遵义"的市区以及周边县，这与经济相对较为发达的区域重合。而贫困现象的"突变点"，"高——低"聚集县区主要是少数民族自治州首府所在地，这些对象的贫困发生率明显低于周边所辖县，希望其能发挥更大的经济辐射作用，带动周边贫困县降低其贫困发生率。

2010 年，贫困聚集"核心"县相比 2005 年数量大为增加，且更加联系成片，形成了东南部、南部两大主要聚集核心；与此同时，"贵阳——遵义"周边的贫困现象不明显的县区范围也有所扩大，代表中心城市对周边县的辐射带动能力有所加强。"高——低"聚集与"低——高"聚集的显著区域数量都有所减少，代表贫困的空间聚集现象愈发加强。

4.3.2.4　县域是贫困发生率"高——高"空间聚集的主要地区

通过对全省贫困发生率的 Moran 散点地图和 LISA 聚集地图的考察，我们可以发现县域是贫困发生率"高——高"空间聚集的主要地区，即县域是以贫困发生率考量下的贫困高度空间聚集的区域。

如表 4-6 所示，2005 年与 2010 年的贫困发生率"高——高"聚集对应的县区列表中，没有出现一处市区，主要为位于东部、西部的各县域，占据贵州一共 75 个县（市、特区）的一半以上。表示贫困空间聚集核心的"显著'高——高'聚集地区"中，全部为位于南部与东南部的 9 个县与 16 个县（特区）。

2005 年、2010 年贫困发生率"高——高"聚集对应县区　　　　表 4-6

年份	"高——高"聚集对应县区	显著"高——高"聚集对应县区
2005 年	（38 县，1 特区）沿河、务川、德江、松桃、印江、江口、万山特区、岑巩、赫章、威宁、施秉、纳雍、三穗、福泉、剑河、水城、台江、锦屏、麻江、雷山、普定、黎平、榕江、丹寨、盘县、三都、镇宁、晴隆、普安、关岭、紫云、从江、独山、兴仁、罗甸、贞丰、荔波、望谟、册亨	（9 县）雷山、榕江、从江、剑河、三都、独山、紫云、望谟、罗甸
2010 年	（41 县，2 特区）沿河、务川、德江、松桃、印江、江口、万山特区、岑巩、赫章、威宁、施秉、纳雍、三穗、福泉、剑河、水城、台江、锦屏、麻江、雷山、普定、黎平、榕江、丹寨、盘县、三都、镇宁、晴隆、普安、关岭、紫云、从江、独山、兴仁、罗甸、贞丰、荔波、望谟、册亨、思南、镇远、天柱、六枝特区	（15 县，1 特区）镇远、三穗、天柱、锦屏、剑河、雷山、黎平、从江、榕江、三都、独山、荔波、六枝特区、贞丰、望谟、罗甸

来源：笔者自制

这一结果表明贫困高度聚集于广大农村地区的县域，并且呈现出连片聚集、聚集程度深的特点，县域的扶贫攻坚任务任重道远。

4.4　本章总结

本章通过贵州省各县区的经济统计面板数据，以农村贫困发生率与农民人均纯收入作为度量贫困的两项重要指标，利用包括全局 Moran's I 指数，局部 Moran 地图与 LISA 地图等在内的空间统计方法，论证了针对贫困现象的空间分布结构与动态演变过程，得出如下结论：

（1）全局空间自相关 Moran's I 指数定量地证明，贫困的空间异质现象十分明显，尤其是贫困的空间聚集现象十分突出。且自改革开放以来，这一现象有愈发突出的趋势。

（2）局部 Moran 地图与 LISA 地图表明，贵州省各县区贫困的空间分布存在较强的自相关性与异质性，且随着时间增加，自相关性与异质性的强度不断加大。以农村贫困发生率和农民人均纯收入两项指标度量的贫困空间聚集分析结果看，贫困主要集中于广大县域地区，且这种趋势仍然不断加强。

（3）从贫困空间聚集的空间分布上看，贫困空间聚集呈现出明显的圈层结构。黔中"贵阳——遵义——安顺"地区集中了贵州的几大中心城市，自然地理基础、历史发展情况、经济发展程度等方面均相比其他地区较好，因而贫困空间聚集情况也相对较轻。外围地区的县则呈现出明显的贫困空间聚集，形成了东部、西部两条明显贫困聚集地带，并且在内部发育出多个贫困聚集核心。

第 5 章

———

贵州县域人居环境状况的实证分析

本书第 3 章通过理论演绎与案例分析，总结贵州县域人居环境的几个关键问题。本章围绕这几个问题，通过对贵州部分县域的调研结果和贵州 75 县的统计数据进行实证分析，并对各问题的空间分布情况进行了讨论，与第 4 章贫困分布情况进行比照，分析贫困的空间分布与人居环境情况的空间分布之间是否存在对应关系。

5.1 住房与聚落环境

人居环境首先解决"居住"的问题，使"居者有其屋"是人居环境最为基本的要求。居住质量的好坏，也是贫困程度的直接表象之一。贵州各县居住品质普遍较为低下。

5.1.1 特征 1：住房品质不高

出于地理闭塞、经济相对落后等方面的原因，贵州各县（县级市、特区）的居住质量仍然存在不少问题，突出体现在住房质量整体较差、危房旧房比例较高、居住环境亟待改善等方面。此外，在近年城镇化、全球化的影响下，农村出现大量粗制滥造、脱离地方特色的"砖墙房"，对地方的民居特色形成冲击与破坏，在农村大量建设的今天，这点尤为值得重视。

（1）农村住房质量整体极差。改革开放后，尤其是近 10 年来，贵州农村住宅质量有了较大改观。但整体质量仍然相对较差，在农村人均住房面积、钢混结构住宅比例、砖木结构住宅比例等指标上均处于全国末尾水平。其中，农村钢混结构的住宅面积仅占全部住宅面积的 3.5%，而按户数计则仅有 2.3%，砖混结构仅有 28.4%，整体住宅质量不容乐观。另据 2006 年全国第二次农业普查数据，贵州省还有 7.2% 的农村住宅（按户数计）为竹草土坯制成[1]，这一住宅类型质量最为堪忧，连基本的遮风避雨御寒功能都很难完全实现。贵州省南部少数民族聚居的县，其传统的木质吊脚楼恰恰是适应当地地形、气候、植被条件的最佳选择，修建后经过良好维护完全能够提供良好的居住条件（图 5-1 右）。但

---

① 来源：《贵州六十年》

同时，同样在少数民族聚居的县，部分贫困的农户的木质住宅，因为年久失修，缺乏维护，居住质量堪忧（图 5-1 左）。不能一概认为钢筋混凝土与砖混建筑比例高，就代表总体建筑质量好，至少在有木质吊脚楼传统建筑习惯的贵州南部县是不合适的。

质量较差的木质住宅　　　　　　　　　　　　质量较好的木质住宅群

图 5-1　较差质量与较好质量的木质住宅比较

来源：笔者自摄

（2）危房比例高，数量大。据 2008 年组织开展的贵州全省农村危房摸底调查，全省农村共有危房户 192.48 万户，占全省所有农户总量的 23.2%，其中"需拆除重建的一级危房户 78.124 万户，二级危房户 59.121 万户，三级危房户 45.123 万户，地质灾害危及点搬迁户 9.18 万户"（李海鹏，等，2009；汪志球，等，2012）。

这些危房大多分布于省内的"老少边穷"地区，尤其是在省内众多的国家扶贫开发工作重点县比例则更高，绝大多数位于县域内交通闭塞、高山高寒、偏远落后以及少数民族地区（图 5-2）。如位于贵州西北乌蒙山区的赫章县，全县 27 个乡镇共有农村危房 40745 户，占全县农村一共 150485 户的 27.07%，其中一级危房有 32080 户，二级危房有 7164 户，三级危房有 1501 户，地质灾害户有 1312 户，需要立即拆除进行改造的一级危房户占据绝大部分。此外，还另有仍然住在茅草房的住户 2285 户。

（3）传统民居特色受到部分新建住宅的冲击。随着交通、通讯等设施的接入，以及越来越多的人走出山村接触外界社会，贵州绝大部分山村一改以往闭塞落后的状态。但随着经济的发展以及外界工业化、全球化的影响，同时也部分由于村民生活方式发生了一定的变化，在一些村寨，一部分村民在改造、新建住宅时，不再沿用原有民居模式，而改用材料相对容易获取、工艺相对容易掌握的"砖墙"房屋（图 5-3）。实地调研得知，村寨中大量出现这种"新式"房屋的原因除了一部分物质方面原因时，还有一部分来自于心理因素。当村寨中有人家修建起"楼房"时，其他人家觉得这是"外面的东西，是先进的东西"。于是，

| 黎平县 | 修文县 | 湄潭县 | 盘县 |

图 5-2　一些建筑质量较低的"危房"、"旧房"
来源：黎平县、修文县由笔者拍摄，湄潭县、盘县照片由贵州省农村危房改造工程领导小组办公室提供

一栋一栋的砖墙平顶贴白瓷砖的二、三层房屋边在原本木墙瓦顶的民居中蔓延开来，而这对传统民居的特色造成极大的影响。更为深远的影响在于，传统特色造房工艺的流失。传统工艺的传承，是靠村里匠人一代一代的手口相传，而一旦久不建造，这一工艺即面临失传，而原本的特色民居则面临彻底的"不可持续"。笔者在走访到的一些村子，已经找不到做"传统木架房"的工匠了，遇到一些特定的建筑需要采用传统式样，"则要跑很远到黔东南、黔南那些地方去找木工师傅来做"。

图 5-3　近年大量修建的砖房
来源：笔者自摄

5.1.2　特征2：村庄聚落小而分散，空心村现象明显

聚落环境是住房的自然延伸，在贵州各县域的村庄，普遍存在聚落规模小、分布散的状况。同时由于基础设施不配套、村民意识不足等原因，部分村庄环境亟待改善。在快速城镇化、工业化的背景下，村庄特色受到较大影响，部分村庄趋于衰落。

（1）大多数聚落规模小，分布分散。由于自然地理限制，贵州各地农村的村庄聚落分布通常呈现出村庄规模小、分布分散的特点。因为地形分割严重，贵州各县的耕地多呈小块分布，适宜营建聚落的土地也相对分散，因此，为了获

取足够的自然资源，贵州各县的乡村聚落规模远低于平原地区的村庄规模。因为人口压力又非常大，因而，聚落分布就大量散布于农村区域，形成小而分散的分布局面。同时，农村聚落的小与分散，也为农村地区基础设施、公共服务的普遍改善大大增加了难度。贵州省目前已基本实现每个行政村通公路、20户以上的村庄通广播电视，而要实现剩下的那部分人数较少的、地处偏远的村寨普遍达到相应的基础设施水平，要付出更为艰巨的努力和更加巨大的代价。

（2）部分村庄环境亟待提高。贵州县域农村住房质量较差还体现在住房环境缺乏相应治理，环境状况较差。在调研的一些村寨，笔者经常见到不甚美观的农家庭院，建材、物资随意堆放，灰渣满地、垃圾清扫不及时，基本的卫生、整洁尚不具备（图5-4）。究其原因，一是村庄基础设施建设相应配套不足，缺乏完善的垃圾清运等机制；二是青壮年多外出打工，留守在家的老年人与儿童既没能力、也无心思关注住宅内外的环境问题；三是村民自身意识不够，刚刚解决温饱问题的村民，如无有意的培训与带动，很难形成对环境美的认识，也很难有相应的追求。

图5-4　部分村寨的住房环境
来源：笔者自摄

（3）受城镇化等因素影响，原有聚落风貌与文化受到影响与冲击，大量农村聚落正在凋敝。在快速城镇化的背景下，主要的居住形式从农村型向城镇型转变，城市的生活方式与文化也正在深刻地影响着广大农村聚落。"现代化与地域性之间的矛盾，'强势文化'与本土文化之间的矛盾，将变得更加复杂和尖锐"[1]。贵州各县的乡村聚落也深受此进程的影响与冲击。一方面，我们已经看到这一进程正在深刻地改变着广大农村地区的面貌，是提高农民收入、发展地方经济的重要推动力，也为农村地区面貌的改观起到了十分积极的作用。另一方面，我们也应看到农村聚落在此进程中，受到外界一些所谓"现代性"与"强势文化"

---

[1] 吴良镛在第二届人居科学国际论坛上的主旨发言"科学发展议人居"，2012.

的不良影响、甚至冲击。这些冲击主要体现在空心村的大量出现、农村聚落风貌受到影响，甚至一部分农村聚落的消失等方面。

聚落的房屋大量地向平地、向公路沿线发展，向山下平坝地带延伸，或直接跳开原有村落格局集中到附近道路两侧发展，既浪费了大量耕地，对聚落格局也造成严重的不良影响；大量白瓷砖贴面砖墙楼房在部分农村聚落如雨后春笋般到处兴建，村庄的风貌荡然无存（图 5-5）。村庄聚落原有重要建筑、公共空间大量消失，丧失其功能与文化意义。传统村庄聚落往往存在一部分重要建筑，如鼓楼、风雨桥，以及一些村落的公共空间，如晒场坝、芦笙坪等，在村落社会越来越"原子化"的趋势下，公共建筑乏人修缮，而公共空间甚至被周遭住户挪作己用，逐渐消失。

图 5-5 大量兴建的"瓷砖房"对传统聚落风貌造成巨大影响

来源：笔者自摄

部分聚落在发展旅游产业中出现聚落异化问题。一些村寨的民族文化遗产在旅游开发中已出现了"原生态文化异化、文化变迁加速、民族价值观改变、民族文化商品化"等负面效应（李锦平，2005）。贵州各县的聚落很多具有独特的民俗、审美、文化等价值，一些村落充分利用自身的建筑、民族文化等资源，发展旅游业，绝大部分村落在发展旅游的过程中保存了聚落风貌，地方经济也得到较大发展。但同时，大量外界人员、文化和价值观的涌入，使得村寨的聚落风貌与文化特性也发生了改变，一些一味追求"旅游开发"而不顾地方文化保护与传承的负面效应也正在出现，造成了"浅层次的如迎合旅游者猎奇心态而造成民族文化展览化、浅薄化；深层次的如旅游开发中外界文化快速侵入造成的本地文化异化、价值观改变等问题"（周政旭，2012a）。

（4）部分村庄聚落在城镇化进程中消失。在城镇化背景下，随着村庄人口不断转移入城镇，城镇面积不断扩展，部分村庄被纳入城镇发展范围。贵州各县大多城镇化率正好超过 30%，处于城镇化加速发展的阶段，城镇面积与人口大量扩张。在调研中，县城与部分经济发展较为迅速的小城镇正在不断吸纳周边的村庄，将其转变为城镇社区。大量工业区、开发区的建设也往往涉及村庄聚落的拆迁，如修文县扎佐镇工业园区的建设涉及镇区周边 3~4 个村庄的拆迁（图 5-6）。各县村庄聚落数量有一定减少。

城镇与工业的发展有其科学性与必然性，农村人口转变为城镇人口，部分农村社区转变为城镇社区也是城镇化的题中之意。但一旦涉及大量村庄聚落的撤并与拆迁，以及如何科学合理地将农村社区转变为城镇社区，仍需持审慎态度。村落是农村地区赖以居住与生产生活的场所，也是保持农业稳定的支点、延续农村文化的依托。村庄的大量消失必将对农村基层产生巨大的影响，极大地改变基层面貌，基层聚落的不稳定也有可能导致基层社会的不稳定。需要科学研究，审慎对待。

图 5-6　某个拆迁前的村庄

来源：笔者自摄

5.2　人地关系

贵州省是我国唯一没有平原支撑的内陆山地省份。县域内多河流水系分割，海拔高低错落，地形分割破碎。平原大多以山间盆地（坝子）状态呈现，面积小，分布散。此外，中西部多县受到石漠化影响。全省喀斯特出露面积占总面积的 61.9%，轻度以上石漠化面积达 3.3 万 km²，占全省面积的 18.8%，而且仍以 2%~3% 的速度扩展。地貌的复杂多样、地形的分割起伏形成了各县独特的自然地理格局，人口的高密度又对环境承载力形成较大压力，紧张的人地关系一直对各县的人居环境发展起到制约作用。

5.2.1　特征 1：地理单元完整封闭，地形地貌山隔水阻

贵州地形复杂，山峦密布、水系纵横，整个省域由北部大娄山、东部武陵山、西部乌蒙山、南部与中南部的苗岭构成地形骨架。各县往往在山隔水阻的情况下形成较为完整封闭的地理单元。

（1）地理单元往往受山川阻隔严重。贵州山谷切削严重，县域边界的确定往往都是根据山川走势，以山脉与河谷为界，既围合出较为完整的地理单元，也对山内的耕地平原形成屏障，即是所谓"群山叠嶂，盘踞峙列"。由于各自地理条件略有差异，如图5-7所示，贵州各县的县界与山川关系主要有三种模式：

①河谷天堑划分一侧边界、山岭屏藩另一侧的"负山面江"自然单元格局。如兴义市县南部分别以珠江水系两大支流南盘江、北盘江为界，成为黔桂、滇

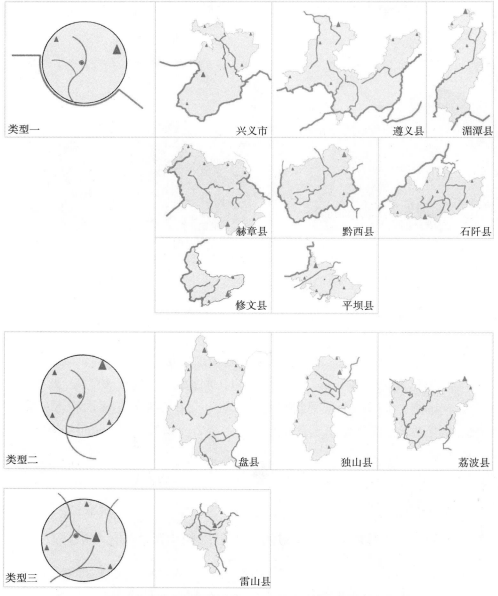

图5-7　县域自然单元边界与内部的几种模式与案例

来源：笔者自绘

黔天堑，北部则以乌蒙山余脉形成天然屏藩；黔西县东南西三面边界均呈河谷深切，东北、西北则"山绕鬼箐"，形成屏山态势；再如石阡县"大顶山雄峙于东，佛顶山横挺于南，云堂飞马诸山排列于西。龙底江纤徐环绕由南至北，与诸山麓相抱而出，古诗云：潆洄水抱，中和气平，远山如蕴藉"①。

②四角山岭拱卫的自然单元格局。部分县域无深谷天险可资利用，但周遭山脉为县域提供了绝佳的边界条件。如独山县地处山区高台，四境均高出临近各县 300~500m，台地边缘高峰耸峙，但台地内部却相对平缓，"四际平旷"。

③境内独峰耸峙，县域环绕山岭设置。如雷山县整个县境几乎全位于苗岭山脉雷公山山麓地带，境内中部高耸出苗岭山脉最高峰——雷公山。

（2）县域尺度较为适中，通常为"方百里"的不规则矩形。贵州各县规模相对比较适中，75 个县平均面积为 2200km²，各县面积适中，近一半的县面积为 1500~2500km²，近 80% 的县面积为 1000~3000km²。各县域形状不甚规则，多数近于方形。幅员参差不齐，但多数近于"方百里"（图 5-8）。

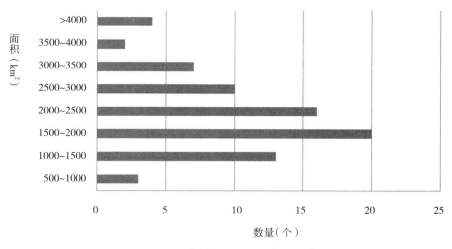

图 5-8　贵州 75 县面积大小分类
来源：笔者自绘

整体而言，贵州各县尺度基本近于"方百里"，规模相对一致、适中。而适中的县域规模与幅员范围，使一县自然地理条件相对一致，既利于政府进行治理，也适于区域内的经济交流与文化融合，因而一县风俗、物产、文化等往往具备极大的相似性。同时，一县方能整合为较为一致整体，形成很强的聚合力，为形成一个"基层人居环境单元"提供了基础。

（3）县域通常构成较为完整的单元。在山川构成县界的屏藩之下，县域内部形成了相对比较完整与一致的地形地貌。这一单元内部往往具备相对比较相近

---

① 民国《石阡县志》

的气候、土壤等诸多条件，比如黔西县，在东南西三面深切河谷与北面群峰耸峙的环抱之下，县域中部多为缓丘坡地与洼地。再如兴义市，其地理格局成为由北向南层递下降的阶梯状台地，至东、西、南三侧均以下切河谷为界，中部为丘陵地疏密相间，全市按《兴义县志》，可划分为西北高地、西南高地、东南山箐地、中部丘陵地等地带。

同时，与边界的险阻不同，县域内部往往具备一定的相对平缓的地理空间，或是平缓的高起台地（如独山县），或是喀斯特峰林、峰丛间的山间平坝（如兴义市、平坝县），或是河流冲击而出的坝子（如雷山县、石阡县），它们构成了人类活动、城镇发育的主要场所。

县域内部发育的河流水系，往往为县域人类活动与主要居住点提供支撑。对于稳定的水源与食物来源的考虑，往往是古人选取定居点的主要考虑因素。因为人类对水源的需求一直贯穿始终，河流水系一直是人类定居的必须凭借。笔者调研的 12 县中，县域内部的水系往往将县域各主要居住点串联起来，同时也成为内部主要的交通廊道。

县域内部与山川边界作为一个整体，共同使县域形成一个基本的自然单元。人们在这一片相对整体一致地理空间内共同生活劳作，为这一地域发展出相应的经济体系与相对一致的地方文化奠定了基础。

5.2.2　特征 2：地形起伏严重，生态脆弱

贵州地处云贵高原东部斜坡地带，俗称"八山一水一分田"，各县地形与地质条件普遍呈现出地形起伏突出、平地面积稀少、石漠化现象严重、生态脆弱等特征。

（1）平地与缓坡地比例较低，陡坡地比例较高

人称贵州"地无三里平"，境内山地、丘陵面积占到全省总面积的 92.5%[①]。坡地是贵州各县地形最为主要的形态，平地极为稀少。

根据人类活动与农作物生长的规律，可以将地形分为 6° 以下的平地、15° 以下的缓坡地和 25° 以上的陡坡地三类。一般而言，地形坡度在 0°~6° 为平坡，是开展各种农业耕种活动的首选场所，同时也是城镇建设、工业发展用地的主要来源。6°~15° 为缓坡，15° 为机械化农业的上限，因此，15° 以下面积占总面积百分比可以考量一地开展农业生产的潜力。15°~25° 为斜坡，25° 为国务院规定开展耕地垦殖活动的上限，大于 25° 的坡地应主要护坡涵土，生长林木，

---

① 来源：贵州省人民政府网站，http://www.gzgov.cn/gz/288795525128388608/

若将其改造为农田，则极易造成水土流失、生态恶化等恶果，各地"退耕还林"[①]工程也是以 25°以上坡耕地为主要对象。

根据 2000 年出版的《贵州省地表自然形态信息数据量测研究》[②] 一书提供了贵州分县以及每 5 分经纬度方格内的坡度面积百分比数据，贵州省仅有 13.5%的土地坡度在 6°以下，可供城镇建设、工业发展的用地十分有限，而接近九成的土地都是超过 6°坡度的坡地；全省有 40.35% 的土地坡度在 15°以下，且分布十分分散；而有 21.23% 的土地坡度高于 25°，接近 1/4 的土地都处于极其难以利用的状态。

（2）生态脆弱，石漠化严重

石漠化是由自然因素与人为因素共同作用下形成的地表岩石裸露类似荒漠的现象。喀斯特地区浅薄的土层、坡度陡峭是形成石漠化的基础条件，但人为过度开荒垦殖、放牧、樵采、砍伐以及采用不正确的耕作模式，造成植被破坏、水土流失，从而形成石漠化。一旦形成土地石漠化，将极大破坏生态、降低直至摧毁土地保育生产能力，且生态环境极难恢复。石漠化地区的环境承载力较小，生态极其脆弱敏感，水土涵养能力弱，一旦外表植被破坏则极易出现水土流失，生态环境进一步遭受破坏。石漠化现象构成自然环境对人居体系的重要约束。

贵州是世界上喀斯特地貌发育最为典型的地区之一。早在康熙年间即有产生"石漠化"现象或苗头的记载："今黔田多石，而维草其宅，土多瘠而舟楫不通[③]"；"田多石，而草易宅，民屡徙而户久凋，城郭虽在，百堵犹未尽兴，学校虽修，弦诵犹未尽溥"[④]。后因为人口大量迁入，农业垦殖等原因造成石漠化现象不断扩展、严重。

当前，贵州除少数县市外，全省共有 78 个县、市、区不同程度存在石漠化问题。2008 年国家启动的石漠化综合治理项目，贵州省占全国 100 个试点县中的 55 个。2012 年国家公布的连片特困地区中"滇黔桂石漠化区"涉及的 80 个县中，贵州省六盘水市、安顺市、黔西南布依族苗族自治州、黔东南苗族侗族自治州、黔南布依族苗族自治州 5 个市州 40 个县、市、区列入。

5.2.3　特征 3：耕地资源稀少破碎

贵州由于特殊的地理原因，耕地资源尤为紧张，具有面积少、质量差、分布分散的特点。

---

① 指"把不适应于耕作的农地（主要指坡度在 25°以上的坡耕地）有计划地转换为林地"，是我国西部大开发战略的重要举措之一。
② 贵州师范大学地理研究所，贵州省农业资源区划办公室.2000.贵州省地表自然形态信息数据量测研究 [M].贵阳：贵州科技出版社.
③ 康熙《贵州通志》《序》
④ 康熙《贵州通志》卷一《舆图》

（1）耕地面积少

贵州耕地，尤其是高质量的耕地尤为稀少，据《中国统计年鉴（2011）》，贵州省总耕地面积 44853km²，按户籍人口计，全省人均耕地 1.6 亩／人，稍高于全国平均水平（图 5-9）。另据农业部农村住户抽样调查资料，贵州农村家庭土地经营耕地面积为 1.1 亩／人，远低于全国农村家庭 2.28 亩／人的平均水平（图 5-10）。

贵州各县耕地面积十分紧张，因为地形因素，耕地面积占全省总面积比例十分低，全省各县全部低于 20%。尤其黔东南、黔南地区，多数国土为森林覆盖，各县常用耕地面积占总国土面积不足 8%，最低者仅占 3.3%。

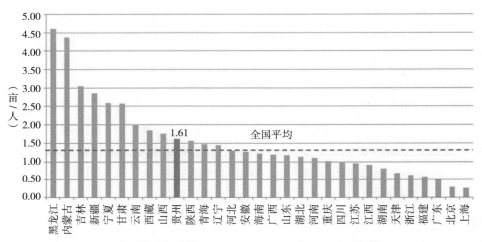

图 5-9　全国各省（区、直辖市）人均耕地面积（以户籍人口计）
数据来源：《中国统计年鉴（2011）》

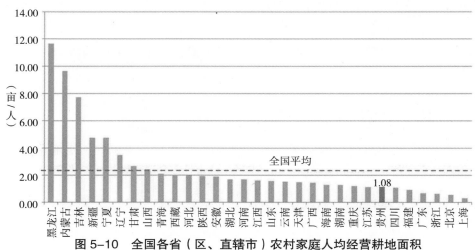

图 5-10　全国各省（区、直辖市）农村家庭人均经营耕地面积
数据来源：《中国统计年鉴（2011）》

（2）耕地质量差

除了耕地面积少之外，耕地质量差也是贵州各县面临的重要问题。贵州耕地绝大部分位于山地、丘陵地带，多数为坡耕地，质量较差，耕作条件难以保证，更有部分位于 25° 以上坡地需要进行"退耕还林"，因此，考察耕作条件另一主要指标——"常用耕地"，更适宜衡量贵州耕地的客观情况，贵州全省仅有 17615.6km^2，不到总耕地的 40%，而其中水田仅 756.94hm^2[①]，只占总耕地的 16.9%。

耕地质量差首先体现在耕地类型多为旱地或望天田，乾隆年间平远州（今黔西县等地）的农田"山箐最高，源水所养之田甚少"[②]，而当前具有良好灌溉与耕作条件的水田比例仅占全省总耕地的不足 20%；其次，耕地中坡耕地比例过高，平缓地形适宜农业机械作业的耕地比例很少，据贵州省国土资源厅（2008a）材料，全省耕地中，接近一半（46.83%）的耕地面积位于不适宜农业机械作业的 15° 以上坡地，更有 16.92% 的耕地应逐步实现退耕还林；贵州耕地质量较低还直接表现在耕地产出较低上，同样据贵州省国土资源厅（2008a）材料，全省耕地中，标准粮产量高于 7500kg/hm^2 的上等地仅占总面积的 31.54%，标准粮产量在 4500~7500kg/hm^2 的中等地占总面积的 59.99%，另有 8.47% 的耕地标准粮产量低于 4500kg/hm^2。

（3）耕地分布破碎

平坝少、地形破碎的大格局决定了贵州的耕地分布十分分散，便于大规模机械耕作的大片平坝土地十分罕见，据贵州省国土资源厅组织编制《贵州省万亩耕地大坝图集》，贵州省共有坡度小于 6°、集中连片的万亩以上耕地大坝共 47 片，面积为 91 万余亩，仅占全省耕地总面积的不足 1.4%。而且分布主要集中于黔中、黔北坝子地带。在贵州的广大地区，较为常见的是不集中、不成片的小块土地，在山间、河边或是林下极其零星、破碎地分布，尤其是广大喀斯特露出区，在石旮旯间的土地甚至只有几平方米，可栽种的庄稼甚至可以个数来计。

（4）面临较大的生态退耕与城镇化、工业化占用的压力

贵州各县因为特殊的喀斯特地貌，向荒山荒坡等要耕地潜力较小，后备耕地资源严重不足，土地开发整理规划中全省可供利用的后备耕地仅 88506.13hm^2，不足现在全省耕地资源总量的 2%。

5.2.4　特征 4：人口压力巨大，人地关系紧张

贵州省人口数量较多，在相对较少的土地面积尤其是相对极少的耕地面积上承载了较多的人口，因此人地关系十分紧张。

---

① 《贵州统计年鉴 2011》
② 乾隆《平远州志》卷四《山川沟洫附》

（1）人口密度较大。贵州各县的人口密度十分大。75 个县中，按户籍人口计算的人口密度中，密度最高的 9 个县（市）超过 344 人 /km²，基本与中国中部六省的平均水平相当（347 人 /km²），而 43 个超过 200 人 / km²，60 个超过 145 人 / km²，即全省 80% 的县人口密度超过全国平均水平。人口密度低于 100 人 / km² 的只有 2 个县。

（2）人均耕地极为紧张。以农业人口人均常用耕地计，全省平均值为 0.75 亩 / 人，75 县中，仅望谟、道真、湄潭、余庆等 7 县在 1 亩 / 人以上，其余各县均低于 1 亩 / 人水平，44 个县低于 0.8 亩 / 人，最低者仅 0.53 亩 / 人。如此低的常用耕地，很难养活众多的人口。

5.2.5 人地关系的空间分布情况

根据调研收集到的贵州省 75 县的数据材料，本节从地形条件、石漠化状况、人口密度与人均耕地情况等四个方面来分析贵州各县人地关系状况的空间分布情况。

（1）地形条件状况的空间分布

分别以全省 75 县 6°以下土地占国土总面积比例，15°以下土地占国土总面积比例，25°以上土地占国土总面积比例三项指标，衡量各县地形条件状况的空间分布情况（图 5-11）。

①6°以下土地占国土总面积比例。对全省 75 县的分析表明，有 44 个县的 6°以下面积占全县面积比例达不到全省平均水平，最低的从江县这一比例只有 2%。比例在 10% 以下的有 22 个县，主要分布于贵州省南部，尤其是黔东南州的 16 个县市中，有 13 个比例低于 10%，更有 7 个县低于 6%。高于全省平均水平的县市主要位于黔中地区，其中最高为平坝县，但也仅有 37.2% 的国土坡度小于 6°，远远低于中东部地区。城镇建设、工业建设以及大规模机械化农业生产受限严重。

②6°~15°土地占国土总面积比例。对全省 75 县的分析表明，低于全省平均水平的有 37 个县，主要分布于西部、西南部以及南部，最低的望谟、册亨、剑河等县这一比例不足 10%，人生活与进行农业耕作的国土资源高度受限。

③25°以上土地占国土总面积比例。对全省 75 县的分析表明，全省 27 个县（县级市、特区）高于这一比例，同样主要分布于贵州东部、东南部与南部。望谟、册亨、剑河、罗甸四县这一比例超过 50%，即一半以上的土地不适宜人类进行农业生产等活动。黔中与黔西北地区这一比例相对较小。

通过对全省分县坡度分级比重的分析，可以看出三项指标对于各县国土坡地分布情况的指示基本一致，可以认为：①作为"唯一没有平原支撑"的"山地省"

贵州的组成部分，贵州各县缓坡以上山地分布十分广泛。②地势平缓分布由东北—西南存在较为明显的分界线，以东北松桃县与西南兴义市划条直线（图 5-11），平地比例较高、地形起伏较小的县基本位于"松桃——兴义"一线以西，而地形起伏较大、陡坡地比例较高的县基本位于该县以东；③综合三个衡量标度的地形比例分析，位于黔中地区的平坝、清镇、遵义、湄潭、凤冈、黔西等县是平地与缓坡分布较多地区。位于南部红水河流域与东南部雷公山地区的望谟、册亨、罗甸、剑河、台江、雷山等县是地面坡度最为陡峭，陡坡分布最为广泛的地区。

对比地形条件状况的空间分布情况与前章所述贫困的空间分布情况，可以发现地形条件状况相对较为困难的黔西南、黔南、黔东南以及黔东的大部分县，正是贫困高度聚集的地区。

（2）石漠化状况的空间分布

利用但文红（2011）提供的贵州分县石漠化面积比例数据，绘制石漠化状况的分县空间分布如图 5-12 所示。可看出石漠化面积占比较高的县集中分布于黔中南、黔西南、黔西北地区，少数县（如黔西、六枝）的石漠化面积比重超过 40%，接近于一半的土地受到石漠化影响。

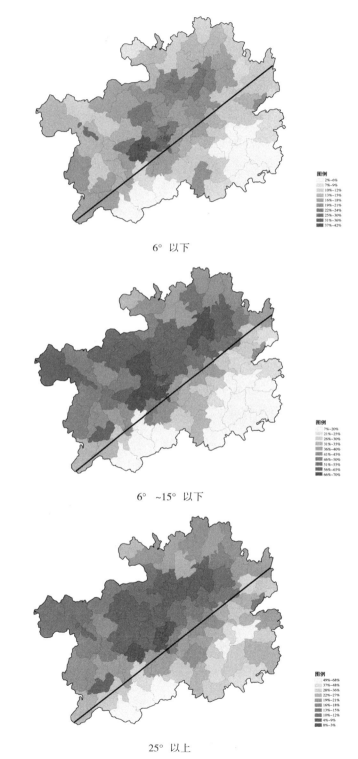

6° 以下

6° ~15° 以下

25° 以上

图 5-11　贵州省各县按坡度分类面积占该县国土总面积比例情况
来源：笔者根据《贵州省地表自然形态信息数据量测研究》绘制

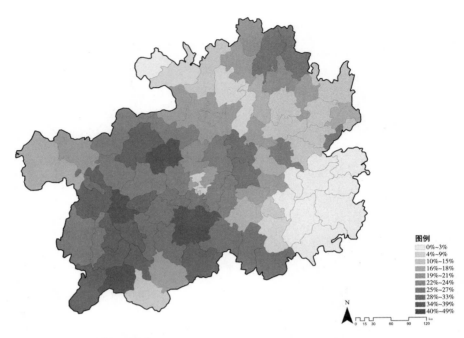

图 5-12　贵州省各县石漠化面积占国土面积比例

来源：笔者根据但文红（2011）数据绘制

比较石漠化面积的空间分布情况与贫困的空间分布情况，可以发现，石漠化面积比重较大的黔西北、黔西南、黔南大部分县正是贫困高发的地区。尤其是黔西南州、六盘水市和毕节市的部分石漠化面积比例极高的贞丰、水城、黔西等县，也是贫困最为高发的地区之一。

（3）人口密度状况的空间分布

根据 2010 年各县户籍人口数据，计算各县户籍人口密度，得出人口密度的空间分布情况（图 5-13）。各县人口密度按空间可大致分为 3 类：

①黔中与黔西北地区的县，因为开发时间较早（均在明代以前即已开府或设置卫所），并且位于重要交通沿线，同时地形相对平坦，因此人口密度达到了非常高的 350 人 /km² 以上的水平。75 县中人口密度最高的 9 个县中，普定（421）、六枝特区（385）、纳雍（383）、织金（379）、凯里（377）、仁怀（371）、黔西（358）、平坝（354）、清镇（344），有 8 个位于这一区域（除凯里市为黔东南州首府之外）；

②黔西南与黔北大部县，人口密度为 100~300 人 /km²；

③黔南与黔东南的大部分县，由于开发较晚，同时县境内多崇山峻岭、地形起伏严重、山林泽溆密布，大部分县域为崇林蔽日的自然保护区，人迹罕至，因此县域人口密度相对较低。

单纯比较人口密度与贫困两者的空间分布情况，较难发现两者之间的关联。需要结合耕地情况观察人均耕地面积，方能看出较为明晰的关联。

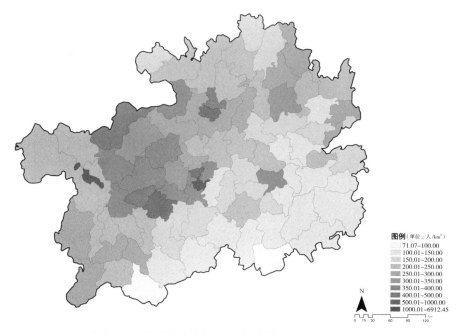

图 5-13　贵州省各县 2010 年户籍人口密度
来源：笔者根据《贵州统计年鉴（2011）》绘制

（4）人均耕地面积状况的空间分布

根据 2010 年各县农业人口数据与常用耕地面积数据，计算农业人口人均常用耕地面积，作为衡量人地关系的重要指标，描绘其空间分布情况如图5-14所示。

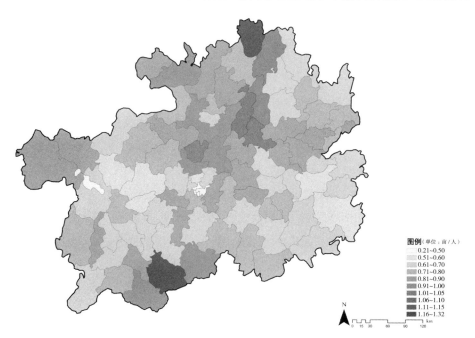

图 5-14　贵州省各县农业人口人均常用耕地面积
来源：笔者根据《贵州统计年鉴（2011）》数据绘制

根据该图，可以看出，农业人口人均常用耕地面积较为宽松的主要集中于黔中地区的贵阳市与遵义市的部分县。而农业人口人均常用耕地最为紧张的县（市、特区）主要分布于黔东南地区的（常用耕地面积基数太小）以及黔西北地区（人口基数太大）。

与贫困发生的空间分布情况相比较，可以认为，农业人口人均常用耕地面积较为紧张的黔东南、黔西南、黔西北地区，正是贫困的高发地区。

（5）小结

结合地形状况、石漠化状况以及人均耕地面积状况，可以认为贵州人地关系最为紧张的地区集中在黔西北、黔西南、黔南与黔东南的大部分县，这些县往往是贫困发生率最高、农民人均纯收入最低的地区，这与贫困的空间分布情况基本吻合，呈现出空间上的高度一致性。

5.3 县域经济与城镇发育

县域经济与县域城镇的发展联系十分紧密。县域经济是带动县域发展的重要动力，县域经济发展与县域城镇发育能吸纳大量农村剩余劳动力，减轻县域人地关系的紧张程度，进而降低贫困的发生概率。因此，本节主要分析贵州各县县域经济发展与城镇发育的情况。

5.3.1 特征1：县域经济薄弱，发展不均衡

对于广大贫困地区，发展县域经济是依托当地资源，充分发展地方经济的重要手段，是实现欠发达地区经济的快速增长，进而实现建设全面小康社会的"基础工程"（赵国如，2003；万晓琼，2004）。2010年，贵州人均GDP为11319元，远远落后于全国平均水平，位列全国倒数第一。县域经济发展较落后是造成这一现象的主要原因。在全省75个县（县级市、特区）中，仅有仁怀市超过国家平均水平，其余74个县级经济体都落后于国家平均水平，更有47个县级经济体的人均GDP不足10000元（图5-15）。

在考察县域经济发展的其他两项重要指标（固定资产投资、县级财政收入）方面，贵州绝大部分县都大大低于全国平均水平，整体而言，县域经济水平十分落后。

贵州县域经济还体现在结构不合理，大多数县的第一产业在总产值中仍然占据最高比例，工业与服务业比重较低。此外，还有部分县域过分依赖矿产资源开采等产业，如盘县等县域经济发展较好的县，其第二产业产值占总产值的绝对多数。

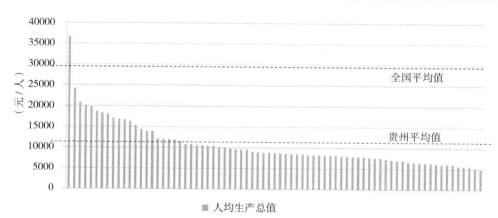

图 5-15　贵州 75 县人均生产总值与全国平均水平比较（2010 年）

数据来源：《贵州统计年鉴 2010》

5.3.2　特征 2：县域城镇发展滞后，吸纳能力有限

贵州县域城镇发育不足，体现在城镇数量较少、城镇化率低、县城吸纳能力有限等方面。

（1）城镇化率低。贵州城镇化进程启动较晚，城镇化水平较低。据 2010 年全国第六次人口普查数据，贵州省居住在城镇的人口为 1174.78 万人，仅占全部常住人口 3474.65 万人的 33.81%，城镇化率位居全国倒数第二（图 5-16），仅高于西藏自治区

相比 2000 年第五次人口普查，贵州省十年间城镇化率提高了 9.85 个百分点，每年约提升 1 个百分点，但与全国平均水平的差距却在逐渐拉大。2000 年"五普"时这一差距为 12.26 个百分点，2010 年"六普"时差距增加到 15.87 个百分点。

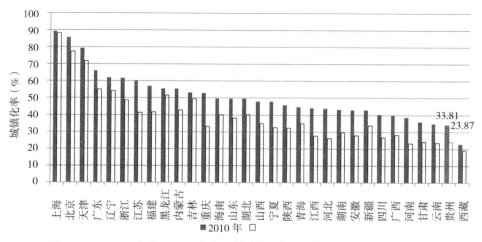

图 5-16　2010 年与 2000 年人口普查各地区城镇化率（普查时点数据）

来源：笔者根据国务院第六次全国人口普查办公室《第六次全国人口普查主要数据》绘制

考察各县 2010 年的城镇化率①，除凯里（59.5%）、都匀（约 53%）两市城镇化水平超过全国平均水平之外，其余 73 县全部低于国家平均水平，值得注意的是，两市分别是黔东南苗族侗族自治州与黔南布依族苗族自治州的首府，是全州的政治、经济、文化中心，因此能够在更大范围内集聚和吸纳城镇人口。与此两县级市相比，其余各县城镇化水平相对处于低水平，主要集中在 20%~40%。

（2）小城镇密度小，规模小。乡镇作为县域城——镇——村体系中的重要环节，既是形成城镇网络、吸纳产业与人口集聚的主要场所，也是辐射农村地区、提供公共服务的主要来源，县域乡镇的规模与结构，是县域人居环境的主要组成部分，也直接影响到县域经济的发展与人民生活的提高。

2011 年贵州省建制镇密度仅达到 0.35 个 / 百 km²，建制镇占全部乡镇比例仅为 45% 左右，城镇密度不足，难以对广大农村地区发挥辐射作用（图 5-17）。小城镇的吸纳能力也难以发挥，据贵州省住房和城乡建设厅数据，2010 年，贵州省小城镇人口占城镇总人口的 33.8%，而全国小城镇人口占城镇总人口的比例则为 45.6%。②

另一方面，贵州省镇区与乡驻地规模小的问题十分突出。全省建制镇（县城除外）平均建成区面积仅为 127.25hm²，建成区人口仅为 0.65 万人，位居全国后列，远低于全国的 189.52hm² 与 0.99 万人的平均水平（图 5-18）。

乡驻地的建成区面积与人口水平更加低下，全省平均每个乡的建成区面积仅为 76.33hm²，人口仅 2400 人（图 5-19）。这一规模水平，一般仅够维持最基本的基层行政、公共服务与商贸功能，其产业集聚辐射、人口吸引等能力极其低下，对广大农村地区发展的带动力量极为薄弱。

（3）县城规模小。在大中城市发育较慢，辐射范围较低的情况下，贵州省吸纳剩余农业劳动力，在经济、社会辐射广大农村地区的任务理应多由县城等县域城镇实现。据贵州省住房和城乡建设厅的统计，贵州省 75 座县城中，仅有 3 个少数民族自治州的首府城市人口超过 20 万，成为中等城市；人口约 10 万 ~20 万，成为小城市的只有 15 个县城；剩下 57 个县城人口均未达到 10 万人；另有 15 个县城人口甚至不足 5 万人，如麻江、荔波、雷山等县城人口甚至不足 3 万人③。县城人口不足，其聚集效应就难以发挥，辐射带动能力相对无从谈起。但近年这个现象有望改观，县城人口与建成区面积双双呈现出较快的增长态势，成为县域内的主要增长极与凝聚核。

---

① 数据来源自各县的政府工作报告、统计年鉴、统计数据公报等。部分县 2010 年数据缺失，通过相邻年份数据线性插值处理获得。
② 引自王橙澄，熊俊 .2012. 贵州将试点打造 100 个特色小城镇 [EB/OL]. 新华网贵州频道，http://www.gz.xinhuanet.com/2012-08/15/c_112737470.htm，2012-08-15
③ 来源：贵州省住房和城乡建设厅提供材料《城镇建设统计材料（2011）》。

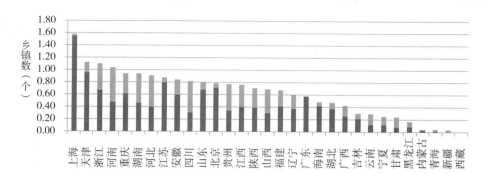

图 5-17　全国各地区每百平方公里乡镇个数
来源：笔者根据《中国城乡建设统计年鉴（2010 年）》绘制

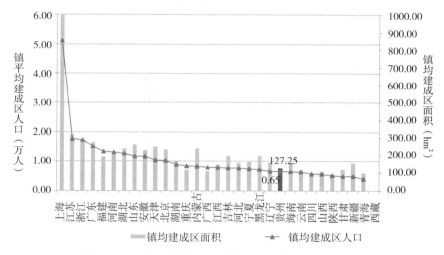

图 5-18　全国各地区建制镇平均建成区面积与人口
来源：笔者根据《中国城乡建设统计年鉴（2010 年）》绘制

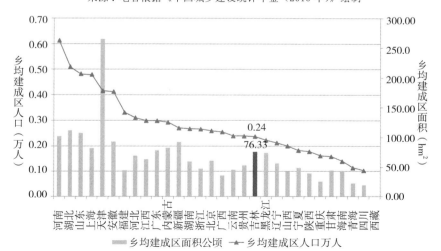

图 5-19　全国各地区乡平均建成区面积与人口
来源：笔者根据《中国城乡建设统计年鉴（2010 年）》绘制

5.3.3　特征 3：农村剩余劳动力外流严重

县域经济发展滞后，城镇发育情况不足，带来的后果之一就是不能吸纳本地大量的农村剩余劳动力，因而，劳动力外流现象十分严重。数据显示，贵州省外出务工农民一直呈增加趋势，按统计口径，自 1996 年起，贵州省在外就业农村劳动力从 100 余万增加至 2008 年的 525 万，数量十分巨大（表 5-1）。

全国与贵州省农业劳动力外出目的地比例比较　　　　　　　　表 5-1

年份	全国				贵州			
	乡外县内（%）	县外省内（%）	省外国内(%)	境外（%）	乡外县内（%）	县外省内（%）	省外国内(%)	境外（%）
1999 年	—	—	—	—	21.5	29.5	45.5	0.0
2000 年	34.4	28.7	36.4	0.5	25.0	29.8	43.0	0.0
2001 年	32.3	31.9	35.2	0.5	31.7	24.0	44.3	0.0
2002 年	32.8	29.9	36.0	1.1	31.6	23.8	42.2	0.0
2003 年	33.9	28.7	36.2	1.2	25.7	22.5	51.8	0.0
2004 年	32.5	29.5	36.9	1.1	36.9	22.2	41.0	0.0
2005 年	31.7	26.8	39.8	1.8	29.5	28.4	42.1	0.0
2006 年	30.5	27.0	39.9	2.0	15.2	18.1	66.8	0.0
2007 年	32.2	28.3	37.5	2.1	27.1	24.4	48.5	0.0
2008 年	32.5	27.9	37.5	2.1	17.2	14.9	67.9	0.0
2009 年	33.2	28.2	36.4	2.1	—	—	—	—
平均	32.6	28.74	37.18	1.45	26.14	23.76	49.31	0

来源：全国数据来自中共中央政策研究室，农业部农村固定观察点办公室编．2000.全国农村固定观察点调查数据汇编 2000-2009.北京：中国农业出版社；贵州省数据来自贵州省农业办公室．社会经济调查（1999-2008）．见吴敏，张筑平．2010.从农村固定观察点看贵州农村劳动力从业结构调整.贵州财经学院学报，（04）：100-106.

通过农业部门农村固定观察点的数据比较，全国与贵州的农业劳动力外出目的地情况（表 5-1），可以发现贵州省出省务工比重超过全国平均水平，出省务工仍占据较大比例。平均有近 50% 的外出农民工选择省外作为目的地，超过全国平均水平 12 个百分点。省内就业与县内就业则不及全国平均，尤其外出农民工在县域内就业的比例十分低，1999-2008 年平均仅 26.14%，低于全国 32.6% 的水平。这当与贵州县内城镇农民工吸纳能力较弱有关。

5.3.4　县域经济与城镇发育的空间分布情况

本节通过县域经济发展情况（包括人均 GDP、人均固定资产投资、人均财政收入等）、城镇发育情况（包括城镇化率、城镇密度、县城规模）以及人口外流的县域数据，考察县域经济与城镇发育的空间分布情况，并与贫困的空间分布情况进行比照。

（1）县域经济发展状况的空间分布

省域范围内 75 县县域经济发展情况也表现为空间分布的不平衡（图 5-20）。以 GDP 总量和人均 GDP 指标而言，县域经济发展较好的县主要集中于黔中与黔北地区,贵阳市——遵义市——安顺市三市区周边的各县明显强于省内其他各县。

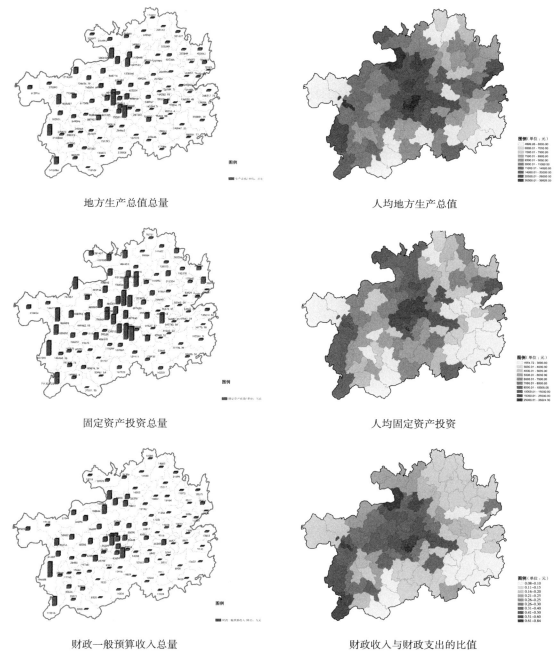

地方生产总值总量　　　　　　　　人均地方生产总值

固定资产投资总量　　　　　　　　人均固定资产投资

财政一般预算收入总量　　　　　　财政收入与财政支出的比值

图 5-20　贵州省各县（市、区）GDP、固定资产投资、财政收入情况

来源：笔者根据《贵州统计年鉴》等绘制

　　另外，兴义市、凯里市、都匀市因为是三个少数民族自治州的首府，其地区生产总值情况也好于周边。贵州北部的仁怀市与西南部的盘县，因为突出的资源优势与完善的产业发展（分别为酒产业与能源产业）状况，其县域经济水平在全省范围内十分突出，也是贵州省首批列入县域经济"西部百强县"的几个县之一。东北部、东南部、南部以及西北部大多数县的地方生产总值较少，人均GDP 也处于较低水平。

　　固定资产投资与财政收入也呈现出相似的情况，较好的县市集中于黔中地区贵阳市——遵义市——安顺市一线，另南部三个州的首府（兴义市、凯里市、都匀市）以及部分资源优势突出的县市（仁怀市、盘县等）情况较好，其余各县发展水平都较低。尤其是黔东南、黔东北、黔南以及黔西北的大部分县市，呈现出区域连片性的欠发展状态。财政收入与财政支出的比值，超过 60 个县不足 30%，竟有 10余个县不足 10%，财政普遍处于"吃饭财政"、"转移支付财政"状态。

　　总体而言，贵州各县的县域经济发展与贫困发生率在空间分布上呈现出十分吻合的局面。县域经济发育较差的黔西北、黔西南、黔南以及东部的大部分县，都是贫困较为高发的地区。

　　（2）城镇发展状况的空间分布

　　①考察城镇化率在全省范围的空间分布（图 5-21），城镇化率较高的县主要

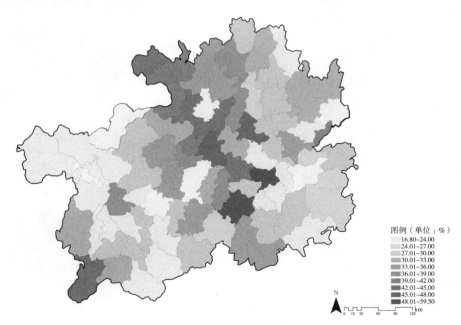

图例（单位：%）
16.80~24.00
24.01~27.00
27.01~30.00
30.01~33.00
33.01~36.00
36.01~39.00
39.01~42.00
42.01~45.00
45.01~48.00
48.01~59.50

图 5-21　2010 年贵州省各县（县级市、特区）城镇化率 [①]
来源：笔者根据各县政府工作报告等绘制

----

① 图中空白地区为贵州省六个设区市的 13 个市区以及 1 个缺乏数据的县。其中部分县缺乏 2010 年当年数据，由相近年份数据推测得出。

分布于黔中、黔北地区，而广大周边地区城镇化水平呈显著较低状态，最低的赫章（16.8%）、水城（约 18%）、册亨（18.41%）、丹寨（约 19.2%）等县没有达到 20%。黔东南州 16 个县市中，除了州府所在地凯里市以及镇远县（33.84%）之外以及缺乏数据的剑河县，其余 13 县城镇化水平均在全省平均水平之下，更有黄平、岑巩、台江、从江、雷山、丹寨 6 个县低于 25%。

②考察贵州各县（县级市、特区）的县城总人口情况[①]（图 5-22），整体体现出县城人口规模较小的特点。其中兴义市、凯里市与都匀市分别作为黔西南、黔东南、黔南三个少数民族自治州的州政府驻地，城区人口分别达到了 30.8 万、28.3 万与 23 万，达到中等城市标准。此外，共有六枝特区（15.02 万）、盘县（14.01 万）、清镇市（14.1 万）、威宁县（13.12 万）等 15 个县县城人口超过 10 万，达到小城市标准。除此之外的 57 个县人口均低于 10 万人，其中麻江（2.56 万）、施秉（2.60）、雷山（2.75 万）、荔波（3.00 万）等 15 个县县城人口不足 5 万人。同时，县城（城区）人口占全县常住人口的比例体现县城对全县人口的集聚能力，在贵州省 75 个县（县级市、特区）中，凯里市（59%）、都匀市（52%）、赤水市（48%）、龙里县（43%）等 14 个县（县级市）超过 30%，城镇的人口聚集效应相对较为明显。31 个县（县级市、特区）的县城人口占全县常住人口的 20%~30%，30 个县的县城人口占全县常住人口比例低于 20%，最低为水城（8.7%）、赫章（8.9%）、威宁（10.4%）等县。

③考察各县县城建成区面积（图 5-23），同样体现出与县城人口一样的特点，即除兴义、凯里、都匀等几个少数民族自治州的州府所在地之外，其余县城城区规模普遍偏小。

④考察省内各县的城镇（仅指建制镇）密度（图 5-24），呈现出黔北与黔西南地区相对较高，黔东南、黔南、黔西北地区相对较低的局面。黔北地区的遵义县、仁怀，黔西南地区的兴义、晴隆等县（市）城镇密度达到 0.6 个 /km²。而地处黔西北的水城、赫章，黔东南地区的榕江、台江，黔东北地区的江口等县城镇密度不足 0.2 个 /km²。

总体而言，贵州的城镇发育总体呈现出发育较好的县集中于黔中地区、其余地区发育较为滞后的空间分布情况。尤其是黔东南、黔南、黔西南地区的大部分县，整体呈现出城镇化率、城镇密度、县城人口等多项因素都极为滞后的局面，而这些地区正是贵州贫困最为聚集的地区。

（3）人口外流状况的空间分布

根据统计年鉴公布的各县常住人口与户籍人口数据，以"（常住人口－户籍

① 贵州省住房和城乡建设厅统计"建成区人口"与"建成区暂住人口"采取的是公安口径，本书将两项加总得到"建成区总人口"。

图 5-22　2011 年贵州省各县（县级市、特区）县城人口
来源：笔者根据贵州省住房和城乡建设厅《城镇建设统计材料（2011）》绘制

图 5-23　2011 年贵州省各县（县级市、特区）县城建成区面积
来源：笔者根据贵州省住房和城乡建设厅《城镇建设统计材料（2011）》绘制

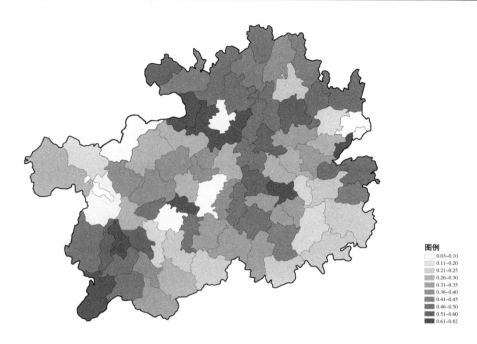

图例
	0.03–0.10
	0.11–0.20
	0.21–0.25
	0.26–0.30
	0.31–0.35
	0.36–0.40
	0.41–0.45
	0.46–0.50
	0.51–0.60
	0.61–0.82

图 5-24　贵州省各县（县级市、特区）城镇密度（每百平方千米城镇数）[①]
来源：笔者根据贵州省住房和城乡建设厅《城镇建设统计材料（2011）》绘制

人口）／户籍人口"作为初步衡量人口外流的估算指标，尽管有所误差，但仍可基本显示该县（市、特区）外出务工人员比例。如图 5-25 所示，可看出，人口呈现流入状态的基本以贵阳市 6 区、遵义市 2 区以及六盘水市城区。贵州省 75 个县（市、特区）的常住人口全部低于户籍人口，全部是人口净流出地区。其中，人口流出现象最为严重的出现在黔东北、黔东南以及黔西北部分县市，流出人口比例最高者接近 40%。

　　通过人口外流的空间分布情况可以看出，人口外流最为严重的黔东北、黔东、黔东南以及黔西北的县，正是前一节所述人地关系最为紧张，同时本节所述县域经济与城镇发育情况较为落后的县。而这些地区，正是贫困高度聚集的地区。同时也应看出，人口外流是全省所有 75 个县的共同现象。

　　（4）小结

　　整体衡量贵州各县县域经济发展与城镇发育的空间分布情况，通过人均GDP、城镇化率、城镇密度、县城人口等指标综合分析，可以认为县域经济与城镇发育最为滞后的地区集中在黔东南、黔南、黔西南、黔西北以及黔东北的大部分县，这些地区正是贫困空间高度聚集的地区。

　　尤其值得注意的是，城镇化率的空间分布情况与贫困发生的空间分布情况吻

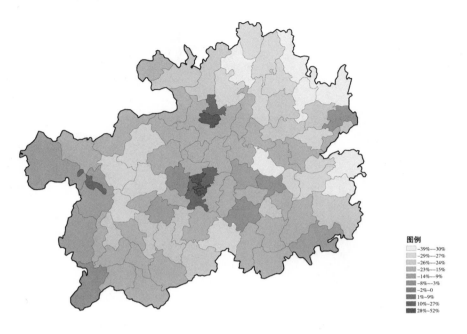

图例
- −39%~−30%
- −29%~−27%
- −26%~−24%
- −23%~−15%
- −14%~−9%
- −8%~−3%
- −2%~−0
- 1%~9%
- 10%~27%
- 28%~52%

图 5-25 贵州省各县（市、区）人口外出比例估算 [①]
来源：笔者根据《贵州统计年鉴（2011）》等绘制

合程度极高,这也能够初步表明推进城镇化在消减贫困方面能够发挥重要作用。

5.4 支撑系统

支撑系统对社会经济发展起到重要的支撑服务作用，同时，贵州县域人居环境的制约也较多地体现在支撑系统的欠缺与落后上，尤其在于道路交通设施的落后，已经成为制约县域发展、农民脱贫致富的重要瓶颈之一。

5.4.1 特征 1：道路交通落后是县域发展的重要制约

交通是经济与社会发展的基础性与先导性设施，构成人居环境的重要支撑。"要想富、先修路"，无数历史与地方的经验证明道路交通对于地区经济发展与社会进步的重要性。贵州县域道路交通设施水平落后主要体现在公路密度较低、县域对外交通能力弱、县域内交通通行能力差等方面。

（1）公路密度低。2010 年贵州省公路总里程为 151644km，每公路密度为 0.86km。公路密度在全国处于中等水平。但其中一半以上（52.2%）的公路里程都是标准低、路况差、通行能力远远低于等级路的等外路。等级路所占比例

[①] 估算方法:(人口普查常住人口－户籍人口)/户籍人口,值为正表示常住人口大于户籍人口,人口流入为主;反之则表示常住人口小于户籍人口,人口流出为主。

位居全国倒数第一，远低于全国平均水平。因此，在能够更客观代表道路通行能力与道路通行质量的等级路密度上，贵州省等级路通车密度则处于全国后列，平均每平方千米仅有 0.41km 的等级路，不仅远落后于东部、中部地区水平，也低于人口密度相近的中西部各省（贵州省人口密度约 197 人 /km²，接近者如广西壮族自治区约 195 人 /km²，云南省约 117 人 /km²，其余各省区则均低于 100 人 /km²，图 5-26）。

尤其是高速公路通车里程低，连接县域较少。2010 年底，贵州省高速公路里程仅为 1507km。在与全国各省的比较中，贵州省每平方公里拥有高速路不足 0.009km，仅高于云南、四川、甘肃、内蒙古、新疆、青海、西藏 7 省区，而这 7 省区的人口密度均远远低于贵州省（图 5-27）。与贵州省人口密度相近省份的高速公路均高于贵州，如海南、江西、陕西 3 省密度约为贵州 2 倍、广西密度也达到 0.011km/km²。

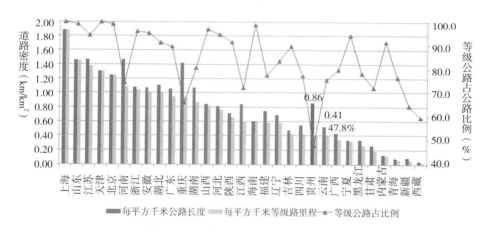

图 5-26　全国各地区道路密度比较

来源：笔者根据《中国统计年鉴（2011）》绘制

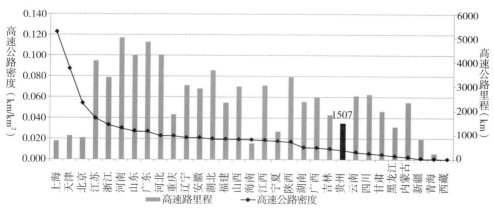

图 5-27　全国各地区高速公路里程与密度比较

来源：笔者根据《中国统计年鉴（2011）》绘制

（2）县域间交通不畅，县域与外界联系不够。县域间交通能将县域经济纳入全国体系，促进各项要素在县域内部与外界交换，从而促进特色产业的发展与产业群的聚集，为县域经济的发展和壮大提供基础和保障。但贵州各县对外交通基础设施的极度落后状况造成了物流不畅、信息难通的局面，阻碍了与其他地方的交流联系，阻碍各县纳入现代经济市场体系的"快车道"。在大多数县面临外部交通不便、外运成本高、与外界联系困难的情况下，"盼路通畅，尤其是高速路通到县"是调研中各县的共同呼声。

贵州县域间交通连接目前靠高速公路与国道、省道共同构成。现已开通高速公路主要以东西沪昆高速、南北兰海高速两轴，以及部分通车的东西向厦蓉高速与汕昆高速构成，主干呈十字交叉于省会贵阳，截至 2010 年，贵州全省通高速路的县仅有 37 个，2001 年达到 47 个 [①]。高速公路成网能力较弱，大部分位于边陲腹地、深山的县（市）没有通高速公路。国道线主要由东西向 G326、G320、G321、G324 与南北向 G210 共 5 条构成，它们与省道一起构成贵州各县对外交通的主要网络。但面临的主要问题是道路弯多坡陡，同时路面状况也相对较差，通行速度与通行能力均受很大限制。

（3）县域内道路网络密度低、质量差，乡镇与村庄通达性差。县域内道路网络往往较为单薄，同时道路等级较低、质量差，通达能力与通达速度均不足。以独山县为例，独山地处贵州南部边陲，国家南北交通动脉"兰海高速"南北向贯穿县域全境，区位条件与外部交通条件在全省属于较好的县。但县内的交通情况却同样处于较为落后的状况。全县公路总里程仅为 1200km（不同统计口径略有不同），以人口计算的道路密度仅为 34.81km/ 万人，以面积计算的道路密度仅为 0.49km/km^2。

在前述情况下，贵州各县乡镇的通达性能十分低下。据 2006 年全国第二次农业普查数据，有火车站的乡镇 8.6%，低于全国 9.6% 的平均水平；有二级公路通达的乡镇比例仅有 18.6%，低于全国 46.2% 的平均水平，更是远低于东部与中部地区的 65.9% 与 52.0% 的平均水平，甚至几乎只达到西部平均水平（30.0%）的一半；"能在 1 小时内到达县政府的乡镇"比例为 59%，这一比例在东部、中部与西部的平均水平分别是 91.7%、85.1% 与 64.5%，而全国平均水平为 78.1%（图 5-28）。

连接村庄的道路往往水平较低，村庄通达性仍然十分低下。尽管在大力推进"村村通公路"工程的情况下，大部分行政村已经连通公路，但村庄的通达性仍然有待提高。

首先是一大部分的自然村寨仍然无法通车，行政村包含若干的自然村寨，目

---

① 来源：中新网，http://news.timedg.com/2012-01/10/content_8073863.htm>

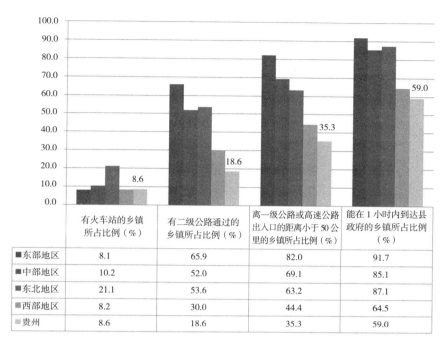

	有火车站的乡镇所占比例（%）	有二级公路通过的乡镇所占比例（%）	离一级公路或高速公路出入口的距离小于50公里的乡镇所占比例（%）	能在 1 小时内到达县政府的乡镇所占比例（%）
■东部地区	8.1	65.9	82.0	91.7
■中部地区	10.2	52.0	69.1	85.1
■东北地区	21.1	53.6	63.2	87.1
■西部地区	8.2	30.0	44.4	64.5
▨贵州	8.6	18.6	35.3	59.0

图 5-28　2006 年东、中、西、东北四大地区与贵州交通基础设施比较

数据来源：《第二次全国农业普查》

前基本达到的只是道路通达行政村所在地，据第二次全国农业普查数据，2006年贵州省通公路的自然村仅为 73.9%[①]。

其次，通村公路等级极低，几乎全为等外公路，大部分仅是"刚刚能够通行"而已，距离便捷的交通联系仍十分遥远，如独山县一份 2003 年发布的政府文件表明该县计划实施的通村公路路基宽度均只有 4.5m，而路面类型 99% 以上为泥结碎石，通行能力十分受限。

第三，发展农业产业道路有很大空间。贵州各县农村多年来一直处于自然农业状态，种子化肥往往因为缺少通往农地的道路而只能依靠"人挑马驮"，农业机械的推广更是无从说起，这对于提高农业效率、发展农业产业方面形成很大的制约。大力发展农业产业道路、将农业产业道路纳入农村道路的整体范畴，仍有待进一步的完善。

总体而言，贵州各县域的道路设施处于县域间快速交通联系薄弱，县域内道路网络欠缺的状态，是各县人居环境支撑系统的最主要的薄弱方面之一。

5.4.2　特征 2：基础设施与公共服务水平较低

（1）整体水平较低，区域不平衡仍十分严重。尽管近年国家与贵州省将基础

---

① 数据来源：国务院第二次全国农业普查领导小组办公室，《中国第二次全国农业普查资料汇编（农村卷）》

设施投入"重心下移"，将大量资金与项目集中于基层的基础设施建设，但短期内贵州县域基础设施与公共服务水平总体仍处于较低水平，这与当地的地形地势、经济发展、社会发育等情况相关联。

（2）乡镇设施薄弱、公共服务能力较弱

与县城的相对较快速度发展相比，乡镇基础设施相对发展较慢，与县城基础设施水平差距也处于不断加大之中。

表 5-2 与表 5-3 表明当前贵州省各建制镇（除县城外）与乡驻地的市政公用设施水平，均低于全国平均水平，同时也大大低于县城的市政设施水平。

全国与贵州省建制镇市政公用设施水平比较（2010 年）　　表 5-2

范围	用水普及率（%）	燃气普及率（%）	人均道路面积（m²）	人均公园绿化面积（m²）	绿化覆盖率（%）
全国	79.6	45.1	11.4	2.03	14.9
贵州省	82.2	15.0	7.2	0.37	10.6

数据来源：《中国城乡建设统计年鉴（2010 年）》

全国与贵州省乡驻地市政公用设施水平比较（2010 年）　　表 5-3

范围	用水普及率（%）	燃气普及率（%）	人均道路面积（m²）	人均公园绿化面积（m²）	绿化覆盖率（%）
全国	65.6	19.0	11.2	0.88	12.8
贵州省	77.0	10.1	9.6	0.2	10.8

数据来源：《中国城乡建设统计年鉴（2010 年）》

在公共服务设施方面，贵州各乡镇的情况也十分薄弱。如图 5-29 与图 5-30 所示，在通讯、金融、文化体育、休闲、农技与商贸服务等方面，贵州各乡镇均大幅落后于东部、中部地区水平，并且在西部地区也处于较为落后的位置。在中、小学教育，医疗服务等方面，尽管基本实现了乡乡有中小学、乡乡有医院（卫生院），但据调研，教育与医疗水平却相对比较落后。

（3）村庄基础设施水平严重低下

首先，各村庄地形起伏、居住分散，农村基础设施的单位成本一直较高；其次，农户自身经济条件较差、农村集体经济组织发育不佳，农户与农村集体对于农村基础设施的投入十分低；第三，各级财政投入有限，平均到各村的投入就更为有限。在以上三条原因的共同作用下，贵州各县农村基础设施水平严重低下，缺乏相应基础设施，并且缺乏相应机制确保已有基础设施的运营。

①缺乏相应基础设施。如表 5-4 所示，在用水普及率、集中供水村庄比例、生活污水处理比率、生活垃圾收集处理率等指标，贵州农村都大大低于国家平均水平。

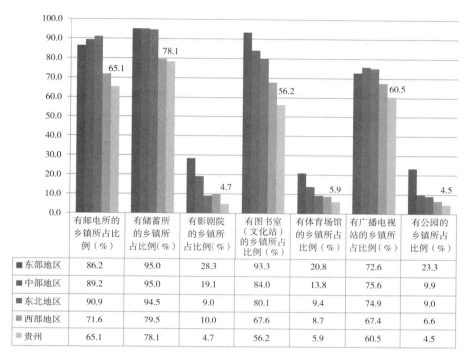

	有邮电所的乡镇所占比例（%）	有储蓄所的乡镇所占比例（%）	有影剧院的乡镇所占比例（%）	有图书室（文化站）的乡镇所占比例（%）	有体育场馆的乡镇所占比例（%）	有广播电视站的乡镇所占比例（%）	有公园的乡镇所占比例（%）
东部地区	86.2	95.0	28.3	93.3	20.8	72.6	23.3
中部地区	89.2	95.0	19.1	84.0	13.8	75.6	9.9
东北地区	90.9	94.5	9.0	80.1	9.4	74.9	9.0
西部地区	71.6	79.5	10.0	67.6	8.7	67.4	6.6
贵州	65.1	78.1	4.7	56.2	5.9	60.5	4.5

图 5-29　2006 年东、中、西、东北四大地区基础设施比较（一）
数据来源：《第二次全国农业普查》

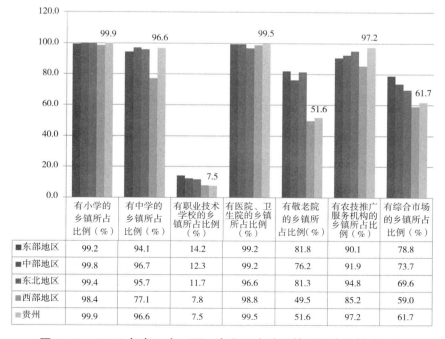

	有小学的乡镇所占比例（%）	有中学的乡镇所占比例（%）	有职业技术学校的乡镇所占比例（%）	有医院、卫生院的乡镇所占比例（%）	有敬老院的乡镇所占比例（%）	有农技推广服务机构的乡镇所占比例（%）	有综合市场的乡镇所占比例（%）
东部地区	99.2	94.1	14.2	99.2	81.8	90.1	78.8
中部地区	99.8	96.7	12.3	99.2	76.2	91.9	73.7
东北地区	99.4	95.7	11.7	96.6	81.3	94.8	69.6
西部地区	98.4	77.1	7.8	98.8	49.5	85.2	59.0
贵州	99.9	96.6	7.5	99.5	51.6	97.2	61.7

图 5-30　2006 年东、中、西、东北四大地区基础设施比较（二）
数据来源：《第二次全国农业普查》

全国与贵州省村庄市政公用设施水平比较（2010 年）　　　　表 5-4

范围	用水普及率（%）	集中供水行政村比例(%)	对生活污水进行处理行政村比例（%）	有生活垃圾收集点行政村比例（%）	对生活垃圾进行处理行政村比例（%）
全国	54.10	52.3	6.0	37.6	20.8
贵州省	47.52	45.3	2.0	18.5	7.7

数据来源：《中国城乡建设统计年鉴（2010 年）》

　　另据中国第二次全国农业普查数据（图 5-31），在农村基础设施与公共服务的几大主要方面，通讯、电力、文教、医疗、环境、卫生、旅游、商贸等主要指标上，贵州均全线落后于全国平均水平，在全国处于较低水平。

　　②缺乏长效机制保证基础设施的良好运营（图 5-32）。近年，国家与省市县多级大力投入改善农村基础设施，但部分农村基础设施面临"有了用不好"的状况。首先，村民使用习惯有待改变，因为利用不当、管理不善而人为损坏或逐渐废弃的公共设施较多，由于自身的原因而造成基础设施与公共服务的功能不能完全发挥或者完全不能发挥；其次是缺人管护，尤其是缺懂技术的人管护，村中年轻人大量外出务工，一些基础设施无人管护，难免逐渐损毁；第三是缺钱管护，上级基本只负责投入资金建设，但维护资金一般需村集体负责，在村集体经济组织发育不佳、同时又因村庄凝聚力不高而难于由村内民众共同出钱维护的情况下，基础设施很难有相应的资金进行维护。因此，在不断投入大量资金进行基础设施建设的同时，构建村庄既有基础设施良好运营的长效机制至关重要。

5.4.3　支撑系统的空间分布情况

　　本小节根据贵州 75 县的相关数据，从交通基础设施状况（包括等级公路里程密度、县域对外可达性指数）与其他基础设施状况（包括中小学密度）等方面，来考察支撑系统的空间分布状况；并将其与贫困的空间分布情况做比照研究。

　　（1）交通基础设施状况的空间分布

　　根据贵州省交通运输厅提供的《贵州省道路里程统计资料》，计算各县的等级公路里程数密度（图 5-33）。贵州各县等级公路密度位于 0.19~1.41km/km² 之间，0.9~1.41km/km² 的共有 5 个县，其中 3 个位于黔中地区的贵阳市境内，0.51 km/km² 以上的仅 22 个，大部位于黔中地区与西部地区。黔东南地区的是密度最低的县的主要集中地，最低的三都（0.19）、剑河（0.19）、榕江（0.22）、从江（0.22）、施秉（0.23）、锦屏（0.23）等县绝大部分位于此地区。

　　此外，县域的区位交通可达性是衡量外界联系县域的便捷程度的重要指标，对县域经济的发展和人民脱贫致富具有十分重要的作用。本文借鉴全国主

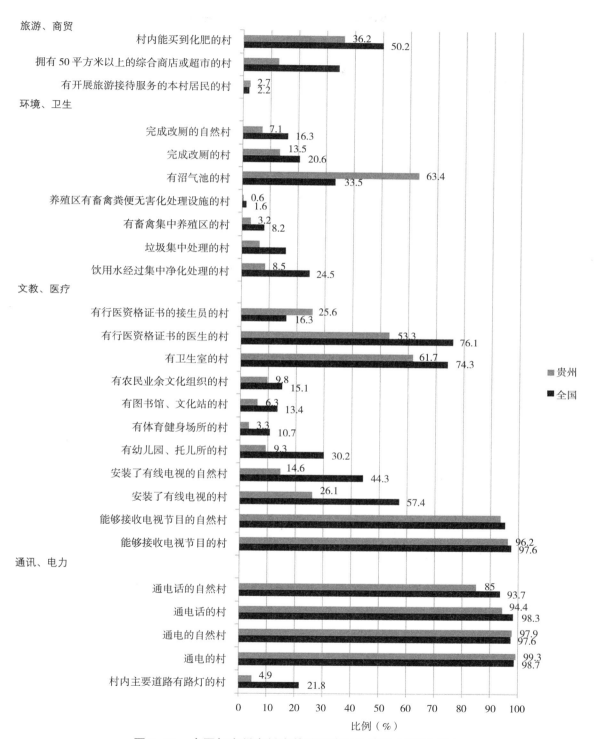

图 5-31　全国与贵州省村庄基础设施对比情况（2006 年）
数据来源：《中国第二次全国农业普查资料汇编（农村卷）》

图 5-32　部分村庄的公共设施维护使用情况不佳
来源：笔者自摄

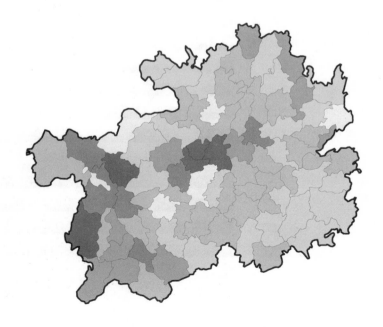

图例
（单位：km/km²）
0.19~0.30
0.31~0.50
0.51~0.70
0.71~0.90
0.91~1.41

图 5-33　贵州省各县等级公路里程数密度（2011）
来源：笔者根据贵州省交通运输厅《贵州省道路里程统计资料》绘制

体功能区规划编制材料《省级主体功能区划分技术规程（试行）》以及刘传明等（2011）的县域综合交通可达性测度方法，并根据实际条件加以修正后，构造区位交通可达性指数（D）（具体计算过程可参见附录）来度量县域的区位与对外交通可达性情况，各县的区位交通可达性的情况如图5-34所示。可以看出，区位交通可达性条件较好的县集中于黔中地区的贵阳市、遵义市、安顺市部分县与"沪昆"、"川黔"两条跨省交通大动脉附近的县，形成十字交叉格局。而在此之外的黔东北、黔东南、黔西北、黔西南的大部县，对外交通条件极为不便。

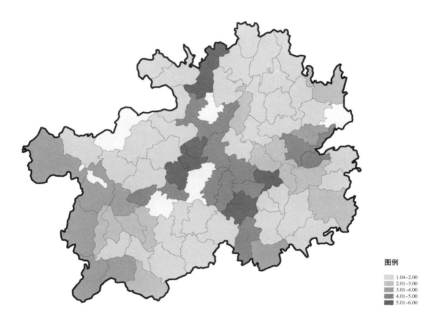

图例
■ 1.04-2.00
■ 2.01-3.00
■ 3.01-4.00
■ 4.01-5.00
■ 5.01-6.00

图 5-34　贵州省各县对外交通可达性评价
来源：笔者根据相关资料计算绘制

　　通过对区位交通可达性指数与等级路里程密度两项指标的空间分布情况的考察，可以认为道路交通条件最为落后的地区集中于黔东南、黔东北、黔西南与黔西北的大部县，这与贫困的空间分布情况相当吻合。

　　（2）公共服务状况的空间分布

　　贵州各县的公共服务设施情况的区域差异仍然十分明显。以各县（市、区）小学与中学密度分布为例（图5-35），从中仍可看出基础设施密度较大的区域集中于黔中地区的几个县市，而黔东南、黔东北、黔南等相对较为贫困的地区某基础设施密度也相应较小。

　　（3）小结

　　整体衡量贵州各县的道路交通情况与其他公共服务设施的空间分布情况，支

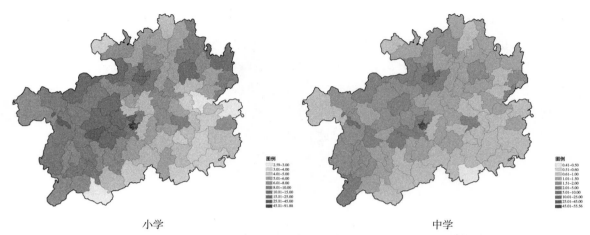

图 5-35　2010 年贵州省各县（市、区）小学、中学密度（每百平方千米小、中学数）
来源：笔者根据《贵州统计年鉴 2011》绘制

撑系统较为薄弱的县主要集中于黔东北、黔东南与黔西南、黔西北的部分县，这与贫困主要聚集的地区相重合。

5.5　人的素质与地方文化发展

5.5.1　特征 1：人口素质普遍较低

　　考察全国农村劳动力受教育情况，以西部地区为代表的欠发达地区农村劳动力受教育水平远远低于全国平均水平，如图 5-36 所示。西部地区农村劳动力中，未上学以及小学教育程度的比例高于全国平均水平，而初中以上的受教育程度比例则低于全国平均水平。尽管近些年贵州省在基础教育上投入巨大，基本实现了农村地区的"普及九年制"教育，青少年辍学率等指标也大幅降低。但由于历史教育水平较低的原因，贵州省劳动力素质水平即使在欠发达省份中也处于较低水平。未上学比例分别比全国平均水平与西部平均水平高 5.4 与 2.4 个百分点，小学教育程度的比例分别高 13.3 与 5.3 个百分点，而初中教育程度比例则大幅低于全国平均水平与西部水平，分别低 12.6 与 4.7 个百分点，高中教育程度与大专及以上教育程度上，贵州也有不同程度的落后。总体而言，贵州体现出小学及以下教育水平的较低素质的劳动力人口比例大，而初中以上的较高素质劳动力人口比例偏低，尤其是高中以上的高素质劳动人口比例十分少。

　　根据全国第六次人口普查，贵州人口平均受教育年限仅为 7.65 年，而文盲占 15 岁以上人口比例则高达 11.4%，充分暴露了贵州省劳动力人口素质偏低的问题。而这一问题在县域尤为突出，最低的望谟县平均受教育年限仅为 5.82 年，其文盲占 15 岁以上人口比例高达 24.7%。

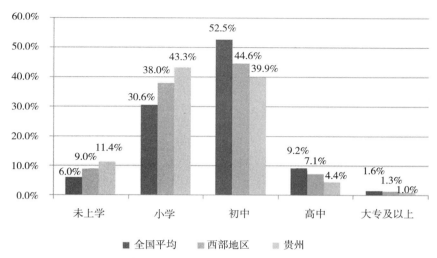

图 5-36　全国、西部与贵州农村劳动力受教育情况比较
数据来源：《中国第二次农业普查资料汇编（农民卷）》

5.5.2　特征 2：地方文化特色突出，同时面临一定危机

贵州各县地方文化特色十分突出，被誉为"文化千岛"。但在当前快速城镇化与工业化的进程中，地方文化受到较大影响，面临一定危机。

（1）地方文化：山地农耕文化与民族文化的多元融汇

"任何一种文化都需要从周围的自然环境中获取生存的物质，因而每一种文化必须与所处的自然环境相适应"（托马斯·哈定，1987）。贵州地形复杂，山峰河流切割作用十分强烈。在历史上"靠山吃山"的山地农耕方式，对于遍布山地的贵州各县，正是其形成独特地方文化的基础。历史上贵州各地散落山间的人类聚居点，因为交通与信息的闭塞，各地较为独立且少受干扰地发展，犹如一个个的文化孤岛，远离外界干扰，独自发展出自身的特有生存方式、社会组织，以及一整套地方文化。同时，贵州各县多少数民族聚居，各少数民族在漫长的发展过程中，逐渐形成自身的生产生活方式与民族文化特色。因此，贵州各县既受山地农耕文化的影响，又有多元民族文化的成分，地方文化特色十分突出（图 5-37）。

各县的地方文化，始终有一个主题：顺应当地自然条件，在地域生态系统中寻找自身的位置，适当改造与利用所处地的生态要素，规避对自身不利的因素，以获得自身的生存与发展。如在贵州锦屏、天柱以及黔东南部分县市的村寨存在的"十八杉"、"女儿杉"等，"十八杉，十八杉，姑娘生下就栽它，姑娘长到十八岁，跟随姑娘到婆家。"[①] 生下儿子或女儿后，家人即种植一片杉树林，待到

---

① 黔东南苗族侗族自治州锦屏县民谣。

图5-37 村寨中建房时的"帮忙"（左）与红白喜事时的"帮忙"（右）
来源：笔者自摄

儿女长大婚嫁后，即用种植的这片杉树为子女盖房做家具，或贩卖后做陪嫁钱。这是在尊重当地自然、确保生态系统的基础上对于地方生产、生活方式的适应。

多彩地方文化还体现在聚落的营建上。贵州传统的村庄聚落在长达上千年的发展历程中，逐步形成其独特的"聚落智慧"，体现出与当地地形和自然生态的适应与完美融合，并由此发育独具特点的聚落文化，是散落于贵州山川大地的一颗颗璀璨的文化明珠。贵州各县的村庄聚落的特点与传统智慧，首先体现在其对地形的充分适应与对自然生态的充分尊重。贵州山峦起伏，河流纵横，"七山二水一分田"，地形的起伏与耕地的宝贵共同构成聚落选址的两大前提要素，因此聚落通常选择靠近河流平原的山脚与山坡地带，并发展出与之相适应的"吊脚楼"等建筑形式，"房屋上山"，聚落随山就势，随山峦等高线有机生长。（清代黎平府等地）"盖其地虽有崇山峻岭，而两山之中每多平坝，溪流回绕，田悉膏肥，村墟鳞比，人户稠密"[1]。利用山地、节约耕地，成为适应当地地形的绝佳示范。各民族在其聚落的规划布局、场所营建、建筑兴造等方面，形成了自己的特色，是丰富多彩的民族民俗文化最重要的容器与载体之一。例如，注重村寨与自然、山水的关系。村寨一般背靠大山、前临河流。村寨后头的山上一般保留大片的森林，作为整个村寨的"风水林"、"寨神林"等，森林加以严密保护。村寨上方的森林，既能为村寨提供水源的涵养地，也能在山洪到来时为村寨提供保护，还为村寨的建房、家具等提供木材来源。而山前的河流则充分加以保护利用，既为村寨提供保护作用，也为村寨的田坝提供灌溉、为人畜提供引用。村寨与山水的和谐关系，堪称极具智慧的典范。再如其布局与重要建筑的布置

---

[1] 《黔南职方纪略志》卷六《黎平府》

也具备特色，村寨通常成团成片布局，外部有明显界限。还通过特定的建筑来突出其村寨形象，如侗族村寨通过风雨桥来界定村寨的"内"与"外"，侗寨通过鼓楼、苗寨通过芦笙坪等来标示村寨的中心，并借此形成村寨的集聚中心。如此精心的安排，形成了村寨特点鲜明、结构清晰、主次分明、重点突出的聚落空间，并借此形成了独具特点的聚落生活模式与聚落文化（图 5-38）。

侗族聚落（从江县）　　　　　　　　　汉族屯堡聚落（安顺市西秀区）

图 5-38　一些典型的村寨聚落
来源：笔者自摄

（2）地方多元文化在当前面临严重危机

在现代化、全球化浪潮席卷的今天，已无任何地方不受其影响。在外界强势文化的"入侵"下，贵州各县的多元地方文化在传统与现代、地方与全球的碰撞中，正面临前所未有的危机。

首先，缺乏对自身地方文化的自信。出于历史的原因，贵州各县，尤其是少数民族聚居地的经济发展相对滞后。在地方经济不断融入整个大社会之时，伴随着经济的不自信，对地方文化的不自信随之而来。盲目崇外，在此情况下，外界强势文化大举入侵。近年来，不少地方民族文化遗产正在消逝。

城镇与农村、现代与传统、全球与地方等种种潮流与观念不断碰撞，对地方文化产生重大影响，需要在此进程中不断传承与重组、继承与发展之外，坚持对地方文化进行认识与发掘，继而在充分吸收的基础上建立起自身的文化自信。

其次，农村空心化对地方文化影响重大。农村空心化对地方文化的影响巨大，几乎成为毁灭性的因素。不少村庄因为缺乏青壮年，多项地方文化活动停滞。并且随着人才的不断外流，地方文化的传承成为大问题。

第三，外界应重新审视对地方文化的态度。近些年，不少地方文化资源丰富的村寨大力开展旅游观光等活动，吸引大批游客前来观光。但不少游客以"猎奇"等态度，促使了地方文化的"展览化"、民俗活动的"表演化"等现象发生。

5.5.3 人口素质状况的空间分布情况

  根据各县人口平均受教育年限，考察人口素质状况的空间分布情况。如图
5-39所示，贵州人口受教育程度较高的县集中于黔中地区的贵阳市、遵义市下
辖的大部县，以及3个民族自治州首府等地。而人口受教育程度较差的县集中
于黔西北、黔西南的大部分县与黔东南、黔南、黔东北的部分县。这与贫困的
空间分布情况也基本相符。

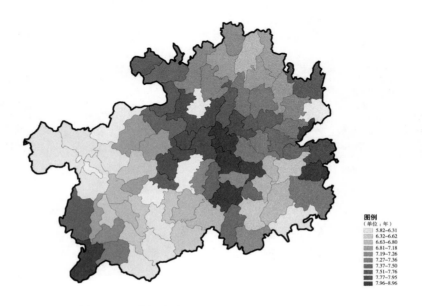

图例
（单位：年）
	5.82~6.31
	6.32~6.62
	6.63~6.80
	6.81~7.18
	7.19~7.26
	7.27~7.36
	7.37~7.50
	7.51~7.76
	7.77~7.95
	7.96~8.96

图5-39　贵州省各县人口平均受教育年限
数据来源：《中国2010年人口普查分县资料》

5.6　本章总结

  本章对贵州县域的人居环境状况从居住与聚落环境、人地关系、县域经济
与城镇发育、支撑系统和人的素质与地方文化发展等五个方面进行了实证研究。
对这些方面的主要特征概括如下：

  （1）住房与聚落环境品质较为低下：住房品质十分低下，村庄聚落普遍呈现
小而分散的情况，村落环境有待改善，部分村落在快速城镇化进程中日趋凋敝。

  （2）人地关系十分紧张：各县域呈现为较为完整和封闭的地理单元，山阻水
隔是基本的地理情形；在此情况下平地极少，大多为坡地，同时大部分地区石
漠化现象严重，生态承载力较低；在耕地资源稀少破碎和人口密度较大的双重
压力下，人均耕地面积有限。

　　（3）县域经济与城镇发育比较薄弱：由于地理与历史等方面的原因，贵州各县县域经济发展情况普遍比较薄弱，城镇发展也较为滞后，城镇化率、城镇密度以及中心城镇发育情况等都十分低下，因此，县域对于剩余劳动力的吸纳能力十分有限，大量农村剩余劳动力外出。

　　（4）基础设施与公共服务的支撑能力有限：道路交通落后尤其成为制约县域发展与人民脱贫致富的瓶颈因素，其他基础设施与公共服务水平总体较差。

　　（5）人口素质普遍亟待提高，地方文化特色突出，但面临相当危机。

　　同时，本章还就第 3 章总结的人居环境的四个关键问题的空间分布情况与前述贫困的空间分布情况进行了对比研究。发现在人居环境的人地关系、县域经济与城镇发育、支撑系统以及人口素质方面，落后的县主要集中于黔东南、黔东北、黔西南以及黔西北的大部分县，与贫困的主要发生地和聚集地在空间上十分吻合，揭示贵州县域人居环境的四大关键问题与贫困之间存在较为显著的关系。

第 6 章

—— 贵州县域人居环境对贫困影响的实证分析

上两章通过对贫困产生与县域人居环境状况的空间分布情况进行分析，在分析两者各自特点的同时，发现两者在空间分布上存在显著的相互关联。因此，本章在分析县域人居环境各空间要素与贫困的相关性之后，利用贵州省75县的截面数据，通过偏最小二乘（PLS）方法构建人居环境各空间因素对贫困产生影响的回归模型，分析人居环境各空间因素对贫困产生的影响方式与程度，通过实证验证前述理论观点。本章还进一步针对不同类型县域，对空间因素产生影响的影响力大小进行分析，为此后的县域人居环境建设对策提供参考。

6.1 人居环境五大系统与贫困的关联模型及相关性检验

人居环境以追求有序空间与宜居环境为目标，在县域层面，包含自然、人、经济与社会、居住与城镇和支撑五大系统。五大系统或者直接关系到贫困的产生，或者作为经济社会活动的承载体影响贫困的产生，均与贫困存在紧密的关联。本文建构如图6-1所示的人居环境各因素与贫困的关联模型：

如图6-1所示，五大系统各自包含若干具体影响因素，五大系统间亦相互影响、互为因果，构成一个整体的人居环境。人居环境各因素与贫困的产生形成

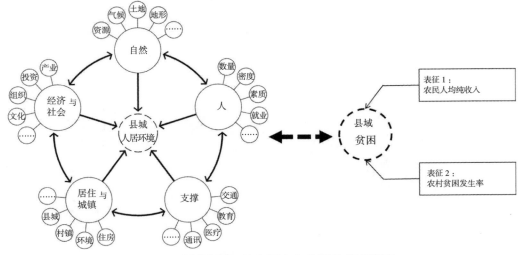

图 6-1　县域人居环境各因素与贫困的关联模型
来源：笔者自绘

紧密的关联。在本章中，笔者以县域农民人均纯收入与县域农村贫困发生率作为衡量贫困状况的两项指征。

6.1.1　自然系统

自然是人赖以生存和发展的物质基础，"整体自然环境和生态环境，是聚居产生并发挥其功能的基础，人类安身立命之所"（吴良镛，2001）。自然系统对贫困的影响主要体现在地形的制约支撑程度与人居资源的占有情况等。尤其是地形中平地与坡地的比例情况、平均海拔情况以及人均耕地占有情况。

如表 6-1 所示，代表易于城镇建设与发展工业、机械化农业的地区大小的"平地比"，与代表易于农业耕作的地区大小的"缓坡比"两项变量与农村贫困发生率呈现出极为显著的负相关，与农民人均纯收入为极为显著的正相关；代表难以生活与耕作地区大小的"陡坡比"则相反；此外，石漠化作为贵州较为突出的灾害性地质情况，却与贫困现象两指标没有体现出较为显著的相关[①]；代表农民人均占有资源量的重要指标"人均耕地"与农村贫困发生率呈现十分明显的负相关，而与农民人均纯收入呈现较为明显的正相关。

自然系统各变量与农村贫困发生率、农民人均纯收入的 Pearson 相关性评价　表 6-1

变量	变量解释	农村贫困发生率		农民人均纯收入	
		Pearson 相关性	显著性（双侧）	Pearson 相关性	显著性（双侧）
平地比	坡度 6° 以下土地面积比重（%）（2000 年）	-0.574***	0.000	0.454***	0.000
缓坡比	坡度 6°~15° 以下土地面积比重（%）（2000 年）	-0.579***	0.000	0.420***	0.000
陡坡比	坡度 25° 以上土地面积比重（%）（2000 年）	-0.557***	0.000	-0.409***	0.000
石漠化比	轻度以上石漠化面积比重（%）	-0.069	0.554	0.074	0.531
人均耕地	常住人口人均常用耕地面积（亩/人）	-0.303**	0.008	0.256*	0.027

注：***. 在 0.001 水平（双侧）上显著相关；**. 在 0.01 水平（双侧）上显著相关；*. 在 0.05 水平（双侧）上显著相关。除特别标注年份外，均为 2010 年数据。

数据来源：作者根据《中国 2010 年人口普查分县资料》、《贵州省统计年鉴》、《贵州年鉴》、《贵州省地表自然形态信息数据量测研究》、《石漠化地区人地和谐发展研究》、贵州《城镇建设统计材料（2011）》、各县 2011 年《政府工作报告》等整理。若当年数据缺失，通过临近年份数据采用线性插值法获得估计值。

6.1.2　人系统

"民为邦本，本固邦宁"，人的生存与发展既是人居环境的核心问题，也是基

---

① 可能与石漠化比数据选取标准为"轻度以上"有关，因为轻度左右的石漠化对农业耕作等影响相对较小，而重度石漠化地区则对农业耕作产生极大的影响。

层治理的核心。"人"既是贫困现象发生的"主体",其他各方面因素最终都要作用于"人",方能产生或消除贫困。但另一方面,"人"系统之内的一些因素同样作用于自身,对贫困现象产生较大的影响。一般而言,"人"对于贫困的影响主要体现在人的素质和人口的分布与流动等方面。其中,人的素质是早期研究关注的重点,包括人的健康程度、人口受教育程度等。人均资源占有量涉及自然系统与人口分布两方面。此外,由于城镇化、工业化的进程加快,大量的农村人口外流或非农就业,研究也揭示出这一现象对于改变农村地区的贫困现象存在一定的关联关系。

如表 6-2 所示,笔者选取了平均受教育年限、文盲比例、人口密度、外出人口比、非农就业比等五个关键因素,将其与农村贫困发生率与农民人均纯收入进行关联研究。结果表明,除非农就业比之外,其余因素均与贫困现象存在十分明显的相关关系。其中,平均受教育年限与农村贫困发生率负相关,与农民人均纯收入正相关,且相关性十分突出(相关性系数 0.6 左右);文盲比例与农村贫困发生率正相关,与农民人均纯收入负相关,相关系数也十分高;人口密度较为突出地与农村贫困发生率负相关;外出打工比例与农村贫困发生率负相关,与农民人均纯收入正相关。

人系统各变量与农村贫困发生率、农民人均纯收入的 Pearson 相关性评价　　　表 6-2

变量	变量解释	农村贫困发生率		农民人均纯收入	
		Pearson 相关性	显著性（双侧）	Pearson 相关性	显著性（双侧）
平均受教育年限	平均受教育年限（年）	-0.618***	0.000	0.590***	0.000
文盲比例	文盲占 15 岁以上人口比例（%）	0.545***	0.000	-0.532***	0.000
人口密度	户籍人口密度（人 /km²）	-0.418***	0.000	0.272*	0.018
外出人口比	外出人口占总户籍人口比例（%）	-0.306**	0.008	0.438***	0.000
非农就业比	乡村就业人员中非农就业比例	-0.179	0.124	0.073	0.532

注:***:在 0.001 水平(双侧)上显著相关;**:在 0.01 水平(双侧)上显著相关;*:在 0.05 水平(双侧)上显著相关。除特别标注年份外,均为 2010 年数据。

数据来源:同上表。

6.1.3　经济社会系统

无论是国际还是国内,经济发展、收入分配与贫困三者之间的相互关系已经成为近年学术研究与政策制定的热点问题。在公平合理的分配制度下,经济发展、社会进步能够较为广泛地惠及大众,能够直接地减少贫困的发生、促进农民收入提升。包括联合国千年发展目标(MDG)在内的各国重要政策文件将发展经济作为缓解、消除贫困的重要政策手段。针对广大县域地区，我国很早提出发展县域经济带动国民经济与区域经济发展，进而缓解区域贫困，取得了较大成绩。此外，合理的社会结构与文化能够对消减贫困产生积极影响，贫困的"相对剥夺说"认为贫困产生于某些个人、集体或群体在一定的社会结构与经济结构中，失去了对饮食、居住、尊严等生活条件与发展机会的获得可能（Townsend，1979，1985）。

出于数据获取的可能性，本节选取了贵州 75 县（县级市、特区）的地均一、二、三产值与地均固定资产投资作为衡量区域空间经济发展状况的指标，将其与农村贫困发生率和农民人均纯收入作相关分析（表 6-3）。结果表明：贫困现象与空间经济发展状况呈极为显著的相关。四项指标均与农村贫困发生率呈相关系数较高的负相关，与农民人均纯收入呈相关系数较高的正相关。

经济社会系统各变量与农村贫困发生率、农民人均纯收入的 Pearson 相关性评价　表 6-3

变量	变量解释	农村贫困发生率		农民人均纯收入	
		Pearson 相关性	显著性（双侧）	Pearson 相关性	显著性（双侧）
地均一产值	地均第一产业国民生产总值（万元 /km²）	-0.597***	0.000	0.560***	0.000
地均二产值	地均第二产业国民生产总值（万元 /km²）	-0.493***	0.000	0.531***	0.000
地均三产值	地均第三产业国民生产总值（万元 /km²）	-0.574***	0.000	0.582***	0.000
地均固定投资	地均固定资产投资（万元 /km²）	-0.577***	0.000	0.715***	0.000

注：***：在 0.001 水平（双侧）上显著相关；**：在 0.01 水平（双侧）上显著相关；*：在 0.05 水平（双侧）上显著相关。除特别标注年份外，均为 2010 年数据。

数据来源：同上表。

6.1.4　居住城镇系统

居住系统"主要指住宅、社区设施、城市中心等"，是"人类系统、社会系统等需要利用的居住物质环境及艺术特征"（吴良镛，2001）。对于贫困地区，这一系统既包括住房面积、住房质量等微观因素，更应包括城镇村庄布局与规模等宏观聚居形态。城镇化正在广泛而深刻地影响着农村基层的居住与生产生活状态，对人口聚集、产业发展、社会结构、文化建构等因素产生重大影响。在农村基层居住状况因城镇化而产生重大变化的同时，农村贫困现象也产生了较大变化。

本节选取人均住房面积作为代表微观居住状态的变量，选取城镇化率、城镇密度、县城人口比例、县城建成区增长速度等四项指标代表城镇化影响下宏观居住模式与聚居形态的变量，将其与农村贫困发生率与农民人均纯收入做相关研究。结果表明（表 6-4），除县城建成区增长速度之外，其他四项指标均与贫困现象呈现十分显著的相关关系。证明贫困现象与居住城镇系统存在紧密关联。

居住城镇系统各变量与农村贫困发生率、农民人均纯收入的 Pearson 相关性评价　表 6-4

变量	变量解释	农村贫困发生率		农民人均纯收入	
		Pearson 相关性	显著性（双侧）	Pearson 相关性	显著性（双侧）
人均住房面积	人均住房面积（m²）	−0.311**	0.007	0.384***	0.001
城镇化率	城镇化率（%）	−0.712***	0.000	0.728***	0.000
城镇密度	每百平方千米拥有城镇数	−0.474***	0.000	0.369**	0.001
县城人口比	县城人口占总常住人口比例（%）（2011 年）	−0.333**	0.004	0.329**	0.004
县城增长速度	县建成区面积 5 年增长比例（2006-2011 年）	−0.065	0.582	−0.018	0.877

注：***：在 0.001 水平（双侧）上显著相关；**：在 0.01 水平（双侧）上显著相关；*：在 0.05 水平（双侧）上显著相关。除特别标注年份外，均为 2010 年数据。

数据来源：同上表。

6.1.5　支撑系统

"支撑系统是指为人类活动提供支持的、服务于聚落，并将聚落联为整体的所有人工和自然的联系系统、技术支持保障系统，以及经济、教育和行政体系等"（吴良镛，2001）。支撑系统为人类经济社会活动提供坚实的支持与服务，对于经济发展、人民生活等方面发挥基础作用。

本节选取道路密度、交通可达性、中学密度、病床密度、通自来水比例等五个变量，与农村贫困发生率和农民人均纯收入作关联分析（表 6-5）。结果表明，所有五个变量均与贫困现象存在十分显著的关联，支撑系统越完善，则农村贫困发生率相应显著地越低，农民人均纯收入也相应显著地越高。

支撑系统各变量与农村贫困发生率、农民人均纯收入的 Pearson 相关性评价　表 6-5

变量	变量解释	农村贫困发生率		农民人均纯收入	
		Pearson 相关性	显著性（双侧）	Pearson 相关性	显著性（双侧）
道路密度	道路通车里程密度（2003）（km/km²）	−0.512***	0.000	0.584***	0.000
交通可达性	外部交通可达性评价	−0.324**	0.005	0.471***	0.000
中学密度	每百平方千米国土中学数（2003）	−0.569***	0.000	0.512***	0.000
病床密度	每千人常住人口病床数（2003）	−0.300**	0.009	0.311**	0.007
通自来水比例	住房内有自来水管的家庭比例（%）	−0.404***	0.000	0.491***	0.000

注：***：在 0.001 水平（双侧）上显著相关；**：在 0.01 水平（双侧）上显著相关；*：在 0.05 水平（双侧）上显著相关。除特别标注年份外，均为 2010 年数据。

数据来源：同上表。

6.2　基于偏最小二乘（PLS）回归方法的人居环境对贫困影响分析

　　根据上文，人居环境五大系统与贫困均存在广泛与密切的联系。为了进一步揭示这一联系的紧密程度，本节以农村贫困发生率和农民人均纯收入为被解释变量，以五大系统中的 15 项关键因素为解释变量，借助于 PLS 回归方法，计算人居环境各大系统中代表性因素对贫困状况施加影响的程度，得出回归模型结果，并对各代表性因素对贫困影响的重要性进行分析。

6.2.1　偏最小二乘回归方法简介

　　回归分析是一种揭示多种因素间相互关系的统计分析工具，普遍运用于工程技术与社会科学中。其中，多元线性回归分析通常采用最小二乘法（OLS），但是 OLS 方法具有两个明显的局限，一是样本数量不宜太少，至少应明显多于变量的个数，但在一些工程试验与社会调查中，因为涉及因素较多，而获得样本较难，在样本数量少于变量个数的情况下，OLS 方法不能给出适当的回归值；二是自变量间不应存在多重共线性，但在大量情况下，自变量间往往存在高度相关性，这种现象在变量矩阵由经济增长、社会进步、城镇发展等具备同步增长特性的因素构成时更为突出，而在这种情况下，经由 OLS 方法计算的多元回归模型的精确度、稳健性等往往受到较大影响，甚至表现出反常的现象。为了克服这些缺陷，在变量筛选法、岭回归、主成分回归等方法的基础上，伍德（S. Wold）等人于 1983 年提出偏最小二乘方法（Partial Least Squares, PLS），成为解决这一难题的有力工具。

　　偏最小二乘方法（PLS）综合了典型相关分析、主成分分析与多元回归分析的优点，能够在较少的样本情况下较为准确地估计出多个变量的回归系数，并且能够克服自变量间多重共线性，可以较好地解决普通多元线性回归无法解决的问题，被称为第二代多元回归分析方法（Wold，2001；王慧文，1999）。PLS 方法已经在多个领域发挥作用（Hulland，1999；王文圣，等，2003；熊吉峰，2005；于健，2008；王华，2009 等）。

　　偏最小二乘回归方法的基本思路是从自变量矩阵与因变量矩阵中分别提取最能代表其特征且彼此间相互关系最为密切的若干组成分矩阵，再经由成分矩阵推导出相关回归系数。同时，自变量对因变量的影响力程度由解释变量影响力（VIP）值提供。

　　具体的偏最小二乘回归方法的计算过程参考王慧文（1999）。

6.2.2　变量选择

　　与上一章考察贫困的空间聚集特征一致，本节被解释变量仍然采用农村贫困发生率与农民人均纯收入，以《贵州统计年鉴》公布的 2010 年数据为基准。

解释变量则分别来自于五大系统，分别是平地比、缓坡比、陡坡比、人均耕地、人口密度、外出人口比、地均一产值、地均二产值、地均三产值、地均固定投资、城镇化率、城镇密度、县城人口占比、道路密度、中学密度 [①]（表 6-6）。

自然系统中选取 4 项关键指标：①平地比，为坡度 6°以下土地占国土总面积比例，6°以下的土地较为适宜工业建设、城镇建设以及大规模农业耕作，其比例大小代表该国土支撑此方面县域经济发展的潜力；②缓坡比，为坡度 15°以下土地占国土总面积比例，15°是适宜农业耕作的土地，其比例大小代表该国土支撑该县农业生产的潜力；③陡坡比，为坡度 25°以上土地占国土总面积比例，25°以上的土地不适宜进行任何工业、城镇、农业开发与利用，且极易形成水土流失与滑坡等自然灾害，国家政策规定 25°以上的坡耕地需"退耕还林"，因此，这一指标代表该地区国土制约的程度，前三项指标均来源自 2000 年出版的《贵州省地表自然形态信息数据量测研究》；④人均耕地，采用相关统计年鉴刊载 2010 年数据，以常用耕地数除以常住人口数（亩／人）。

人系统选取 2 项关键指标：①人口密度，相关统计年鉴刊载 2010 年数据，以常住人口数除以国土面积（人／km²）；②外出人口比，通过 2010 年户籍人口与常住人口之间的差值占户籍人口的比例估算（%），来源自《贵州统计年鉴》。

经济社会系统选取 4 项关键指标：①地均一产值，为 2010 年每平方千米国土承载的第一产业国民生产总值（万元／km²）；②地均二产值，为 2010 年每平方千米国土承载的第二产业国民生产总值（万元／km²）；③地均三产值，为 2010 年每平方千米国土承载的第三产业国民生产总值（万元／km²）；④地均固定投资，为 2010 年每平方千米国土承载的固定资产投资额度（万元／km²）。来源自《贵州统计年鉴》。

居住城镇系统选取 3 项关键指标：①城镇化率，为各县 2010 年年末城镇居住人口占全县人口比例（%），来源自各县的政府工作报告、统计报告等；②城镇密度，为每百平方千米国土拥有建制镇以上城镇数（个／100km²），通过各地公布的行政区划确定；③县城人口占比，为 2010 年县城常住人口占总常住人口比例（%），代表县城在吸纳人口、发挥集聚效应方面的能力，来源自住房和城乡建设部门的贵州《城镇建设统计材料（2011）》。

支撑系统选取 2 项关键指标：考虑到支撑系统对经济社会发展的作用有滞

---

① 在多元线性回归中，自变量过多时往往由于自变量间严重的多重共线性问题影响模型精度。PLS 方法虽然能够较好地克服多重共线问题，但因自变量的相互干扰，过多的自变量仍可能影响到交叉有效性（Q^2），也对模型精度产生影响。因此，在 PLS 模型中仍应对自变量进行筛选。论文在自变量筛选时进行了严格的多方案比选，在超过 10 种自变量矩阵的构成方案中，从中选择出解释力度相对较强、涵盖自变量相对较广的本方案（以 15 组自变量构成）。在本方案中，尽管在变量选择中存在一定的取舍，但自变量在五大系统中分布比较平衡，且最终解释力度较高（对因变量的解释力度 R^2Y=0.706），整体交叉精度 Q^2=0.656，模型整体取得了相对最为满意的回归结果。

后效应，此两项关键指标选用 2003 年数据。①道路密度，为 2003 年各县每平方公里国土上已通车道路里程（km/km²），根据各县公布数据计算；②中学密度，为 2003 年每百平方公里国土上拥有中学数（个／百 km²），数据来自当年《贵州统计年鉴》。

PLS 模型各变量的描述性统计　　　　　　　　　　表 6-6

	指标项	N	最小值	最大值	均值	标准差
被解释变量	Y_1 农村贫困发生率	75	0.0526	0.1966	0.1302	0.0398
	Y_2 农民人均纯收入	75	2586	5463	3564.3467	713.3597
自然系统	X_1 平地比	75	0.0196	0.3715	0.1324	0.0649
	X_2 缓坡比	75	0.0687	0.7735	0.393976	0.1718
	X_3 陡坡比	75	0.0405	0.6778	0.216523	0.1357
	X_4 人均耕地	75	0.5338	1.3165	0.777378	0.1532
人系统	X_5 人口密度	75	71.0678	420.8837	218.8997	81.8039
	X_6 外出人口比	75	-0.3902	-0.0287	-0.2262	0.0688
经济与社会系统	X_7 地均一产值	75	13.7903	73.5130	38.2031	15.5076
	X_8 地均二产值	75	3.6926	702.6560	85.4575	107.8598
	X_9 地均三产值	75	20.9922	352.3266	77.4836	65.5895
	X_{10} 地均固定投资	75	12.1492	535.1669	112.9543	110.3282
居住与城镇系统	X_{11} 城镇化率	75	0.1680	0.5950	0.3104	0.0837
	X_{12} 城镇密度	75	0.0279	0.7752	0.3920	0.1455
	X_{13} 县城人口占比	75	0.0872	0.5915	0.2357	0.0996
支撑系统	X_{14} 道路密度	75	0.2029	1.4893	0.6027	0.2791
	X_{15} 中学密度	75	0.4325	2.9240	1.2548	0.5506

数据来源：作者根据《贵州省统计年鉴》、《贵州年鉴》、《贵州省地表自然形态信息数据量测研究》、贵州《城镇建设统计材料（2011）》、各县 2011 年《政府工作报告》等整理。若当年数据缺失，通过临近年份数据采用线性插值法获得估计值。

6.2.3　PLS 模型建构

根据上述方法与变量，构建如下多元线性回归模型（M1）：

$$\begin{cases} Y_1=b_1+\sum_{i=1}^{15} \alpha_{1i}X_i \\ Y_2=b_2+\sum_{i=1}^{15} \alpha_{2i}X_i \end{cases}$$

其中，Y_1，Y_2 分别为农村贫困发生率和农民人均纯收入，两者共同构成因变量矩阵。X_i 为构成自变量矩阵的 15 个变量。α_{1i} 与 α_{2i} 分别为系数，b_1，b_2 为截矩。

6.2.4　模型回归结果

利用 R 等开源统计分析软件对数据进行 PLS 回归分析（程序略），通过两个

PLS 成分分别构建对自变量与因变量的线性回归模型，经转换之后得到最终的因变量对自变量的多元线性回归模型。

模型整体对于 Y 值的解释效度 R^2Y 达到了 0.706，模型整体交叉效度 Q^2（cum）为 0.656，对于由截面数据得出社会科学多元回归模型而言，这一精度水平已达到较高的水平。图 6-2 分别显示了贵州省 75 个县（市、特区）农村贫困发生率、农民人均纯收入的实际统计值与模型预测值的对比情况。可以发现两者曲线吻合情况十分好，进一步表明模型能够比较准确地解释农村贫困发生率与农民人均纯收入的影响因素。

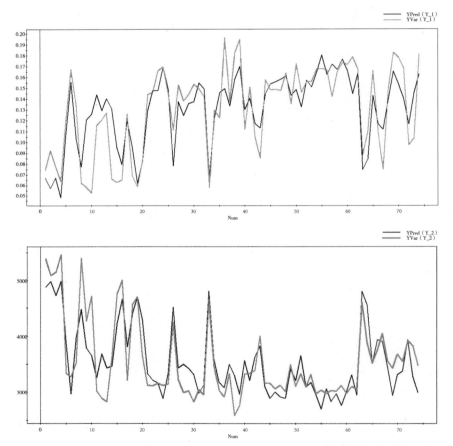

图 6-2　贫困发生率（上）与农民人均纯收入（下）的实际统计值与模型预测值比较
注：灰色线条为实际统计值，黑色线条为 PLS 模型预测值。

该模型的标准化回归系数如表 6-7 所示，反映了自变量（经标准化处理之后）的单位变化量引起的因变量（同样经标准化处理后）的变化幅度。通过刀切法（Jack-Knifing）[①] 检验分别得到标准化系数的 99%、95% 与 90% 置信区间，

[①] 刀切法（Jack-Knifing）是一种基于重采样（resample）思路，通过反复地从样本库中抽取数据进行检验，对原模型精度进行估计的方法。详见 Efron and Gong（1983）与 Martens and Martens（2000）.

表示在这三个置信水平上，标准化系数所处的区间。置信水平越高，该区间则范围越大。表中列出了 90% 置信区间，并根据三个置信区间跨越正负分界点与否，以 * 加以标注。

贫困发生率与农民人均纯收入的 PLS 模型标准化系数与检验　　　表 6-7

指标项		Y_1 农村贫困发生率		Y_2 农民人均纯收入	
		标准化系数	90% 置信区间	标准化系数	90% 置信区间
	常数项	3.284	—	4.971	—
自然	X_1 平地比	-0.061**	[-0.100, -0.021]	0.049	[-0.020, 0.118]
	X_2 缓坡比	-0.043**	[-0.069. -0.015]	0.020	[-0.027, 0.068]
	X_3 陡坡比	0.043*	[0.078, 0.009]	-0.022	[-0.071, 0.027]
	X_4 人均耕地	-0.130**	[-0.231, -0.029]	0.180**	[0.050, 0.312]
人	X_5 人口密度	0.052*	[0.012, 0.093]	-0.114**	[-0.159, -0.068]
	X_6 外出人口比	-0.095***	[-0.133, -0.055]	0.117**	[0.068, 0.167]
社会经济	X_7 地均一产值	-0.078**	[-0.122, -0.033]	0.070*	[0.003, 0.139]
	X_8 地均二产值	-0.061**	[-0.099, --0.023]	0.050*	[0.010, 0.092]
	X_9 地均三产值	-0.096**	[-0.153, -0.037]	0.095**	[0.028, 0.164]
	X_{10} 地均固定投资	-0.143***	[-0.173, -0.112]	0.166***	[0.130, 0.202]
城镇	X_{11} 城镇化率	-0.235***	[-0.290, -0.179]	0.305***	[0.239, 0.372]
	X_{12} 城镇密度	-0.063*	[-0.112, -0.013]	0.061	[-0.006, 0.130]
	X_{13} 县城人口占比	-0.121***	[-0.164, -0.078]	0.164**	[0.089, 0.241]
支撑	X_{14} 道路密度	-0.096**	[-0.151, -0.040]	0.102**	[0.028, 0.179]
	X_{15} 中学密度	-0.054**	[-0.087, -0.019]	0.035	[-0.011, 0.083]

样本量 =74，R^2X=0.586，R^2Y=0.706，Q^2=0.656

注：因为本书更多关注与自变量对因变量定性关系，即自变量对因变量的影响方向，因此在对系数的检验中采取刀切法（Jack-Knifing）对结果的置信区间与数轴 0 点的相对关系进行检验：***、**、* 分别表示 99%、95%、90% 的置信区间均落于数轴同一侧。

如表 6-7 结果所示，对于农村贫困发生率，陡坡比（X_3）与人口密度（X_5）与其正相关，代表陡坡面积比例与人口密度越高，则农村贫困发生率相应地也越高。其余各自变量均对农村贫困发生率产生负向影响，代表平地面积比例、缓坡面积比例、外出人口比例、地均三产产值、地均固定资产投资、城镇化率、城镇密度、县城人口占比、道路密度与中学密度越低，则农村贫困发生率相应地越高。

经过刀切法检验，所有自变量系数的 90% 置信区间均位于 0 点同一侧，大部分系数的 95% 与 99% 置信区间也位于 0 点同一侧，代表该系数估计（至少在对因变量影响的正负方向上）具有相当高的稳健性。

对于农民人均纯收入，与农村贫困发生率相反，陡坡比（X_3）与人口密度（X_5）

与其负相关，代表陡坡面积比例越高、人口密度越高，则农民人均纯收入相应越低。其余各变量则对农民人均纯收入产生正向影响，平地面积比例、缓坡面积比例、外出人口比例、地均三产产值、地均固定资产投资、城镇化率、城镇密度、县城人口占比、道路密度与中学密度越低，则农民人均纯收入相应越低。

经刀切法检验，大部分自变量系数的 90% 置信区间位于 0 点同侧，代表该系数估计同样具有较高的稳健性。

经过系数还原之后，得出模型非标准系数如表 6-8 所示。该模型结果与理论预测影响方向完全一致，很好地验证了前文的理论假设。

贫困发生率与农民人均纯收入的 PLS 模型非标准化（原始）系数　　表 6-8

		Y_1 农村贫困发生率（%）	Y_2 农民人均纯收入（元）
	常数项	0.234	1478.190
自然	X_1 平地比	−0.037	535.078
	X_2 缓坡比	−0.010	83.005
	X_3 陡坡比	0.012	−114.218
	X_4 人均耕地	−0.034	840.612
人	X_5 人口密度	2.561×10^{-5}	−1.019
	X_6 外出人口比	−0.058	1285.890
社会经济	X_7 地均一产值	1.997×10^{-4}	3.227
	X_8 地均二产值	-2.269×10^{-5}	0.333
	X_9 地均三产值	-6.570×10^{-5}	1.176
	X_{10} 地均固定投资	5.654×10^{-5}	1.175
城镇	X_{11} 城镇化率	−0.121	2818.660
	X_{12} 城镇密度	−0.017	303.991
	X_{13} 县城人口占比	−0.053	1284.060
支撑	X_{14} 道路密度	−0.014	264.959
	X_{15} 中学密度	4.086×10^{-3}	47.540

样本量 =74，R^2X=0.586，R^2Y=0.706，Q^2=0.656

6.2.5 解释变量影响力（VIP 值）分析

变量投影重要性指标（Variable Important in Projection，VIP）是 PLS 方法中判断单个自变量对因变量变化的贡献程度的指标，可认为是自变量对因变量变化的边际贡献的测量（VIP 值的计算方法详细可参见附录 A）。可以认为，VIP 值 >1 时，该自变量对因变量的影响十分明显；VIP 值为 0.8~1 时，影响较为明显；VIP 值 <0.8 时，影响较不明显。在本模型中，各自变量 VIP 值结果如图 6-3 所示。

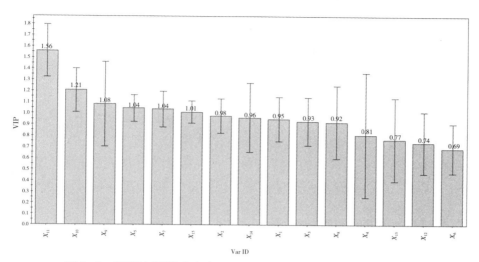

图 6-3 解释变量影响力（VIP，Variable Important Plot）排序

从结果可以看出，在此模型中：

（1）总体而言，15 个自变量的 VIP 值均大于 0.6，在解释因变量的变化方面均有较为明显的作用。

（2）自然系统的四个变量对"贫困"贡献基本处于中间位置。缓坡比（X_2）、平地比（X_1）、陡坡比（X_3）、人居耕地（X_4）的 VIP 值分别列于第 7、9、10、12 位，在 15 个自变量中位于中部且较为集中。

（3）人系统的两个变量对"贫困"的贡献分化较大。人口密度（X_5）的 VIP 值为 1.04，位列全部 15 个自变量中的第 4 位，而外出人口比（X_6）的则位列最后 1 位，代表人系统两个变量对因变量变化的贡献分化较大，人口密度对贫困的影响较为密切，而外出人口的影响则相对不突出。

（4）社会经济系统的四个变量总体对"贫困"施加较为密切的影响。地均固定投资（X_{10}）、地均三产值（X_9）、地均一产值（X_7）的 VIP 值位列全部 15 个变量的第 2、3、5 位，代表固定资产投资、发展三产对于农民脱贫致富有较为明显的正向促进作用。

（5）居住与城镇系统的三个变量对"贫困"的影响分化较大，但城镇化率与"贫困"的关联极为突出。城镇化率（X_{11}）VIP 值极为突出，位列全部 15 个变量的第 1 位，代表城镇化率的提高对于降低农村贫困发生率与提高农民人均纯收入有十分显著的作用。与此同时，县城人口占比（X_{12}）与城镇密度（X_{13}）分列第 13、14 位。

（6）支撑系统的两个变量对"贫困"的影响居于中间靠前的位置。中学密度（X_{15}），道路密度（X_{14}）分列第 6、8 位。

6.3 在县域交通可达性条件分组情况下的进一步讨论

区位交通可达性条件对于地方经济发展、贫困治理的作用十分突出，区位交通条件的不同，将深刻影响到地方的资源配置与要素流动（杨家文等，1999；李永浮，2010；刘传明等，2011）。因此，在不同区位交通条件下，人居环境要素对贫困的影响方式与影响程度也必将有所区别。"要致富，先修路"，笔者在调研中也发现对外交通联系的好坏直接关系到地方发展模式的选择与资源配置的效率。因此，有必要对不同区位交通可达性条件下的县进行比较研究。

6.3.1 以区位交通可达性条件分组

交通基础设施在地方经济社会发展中扮演了一个十分重要的角色，交通可达性是其中一项重要的构成内容。交通可达性是指"在一定交通系统中，到达某一地点的难易程度"（Koenig，1980），"是由人和货物在土地利用——交通系统决定下通过某些方式到达目的地的能力"（杨育军，2004），代表着"在不同空间分布的点或区域之间的相互影响的潜力"（TSAR，1999）。其计算方法有距离法，累积机会法，重力模型法，平衡系数法等（陈洁等，2007）。刘海隆等（2008），刘传明等（2011）分别对新疆、湖北的县域交通可达性进行测算，并将其与县域经济发展进行关联研究。

本书采用区位交通可达性（D）指数来标记可达性条件，具体计算情况可参见第5章第4节以及附录的相关内容。通过计算，D值最高为6分，最低为1.04分。以各县得分中位数附近的突变点2.2为界，将75个县的区位交通条件分为低区位交通可达与高区位交通可达两组。各组情况如表6-9所示。

根据区位交通可达性（D）值分组情况　　　　表6-9

	D值范围	样本量	农村贫困发生率			农民人均纯收入		
			最小值	最大值	均值	最小值	最大值	均值
分组1	[0，2.2]	39	0.0526	0.1827	0.1332	2586	5012	3433
分组2	(2.2，6]	36	0.0579	0.1966	0.1272	2760	5463	3707

6.3.2 PLS模型建构

根据以上分析，现分别针对农村贫困发生率与农村人均纯收入，并在考虑区位交通可达性分组的情况下，进一步分列如下4个模型：

M_{21}：分组1（低区位交通可达组）对于农村贫困发生率（Y_1）的回归模型；

M_{22}：分组2（高区位交通可达组）对于农村贫困发生率（Y_1）的回归模型；

M_{31}：分组 1（低区位交通可达组）对于农民人均纯收入（Y_2）的回归模型；

M_{32}：分组 2（高区位交通可达组）对于农民人均纯收入（Y_2）的回归模型。

同上一节步骤，对 4 个模型分别进行 PLS 计算。4 个模型均在选取了 2 个 PLS 成分之后达到稳定。如表 6-10 所示，交叉效度（Q^2）除了模型 M_{31} 之外，其他模型都达到了较高的水平。R^2Y 也都达到了高于 0.6，证明对于因变量的解释度达到了较为满意的程度（表 6-10）。

4 个 PLS 模型的建构结果　　　　　　　　　　表 6-10

模型	对 Y_1 农村贫困发生率		对 Y_2 农民人均纯收入	
	分组 1	分组 2	分组 1	分组 2
	（M_{21}）	（M_{22}）	（M_{31}）	（M_{32}）
样本数	39	35	39	35
成分数	2	2	2	2
R^2X（cum）	0.581	0.607	0.585	0.604
R^2Y（cum）	0.717	0.747	0.643	0.876
Q^2（cum）	0.638	0.678	0.499	0.810

注：分组 1 为区位交通条件较差的县（综合对外交通评价 $\leqslant$ 2.2）；分组 2 为区位交通条件较好的县（综合对外交通评价 >2.2）。

6.3.3　模型回归结果

经过 PLS 建模，得出各模型中自变量的系数，由于此处主要着眼于定性研究，因此在表 6-11 中列出了模型中各自变量对因变量的影响方向。（+）代表自变量对因变量施加正向影响，（-）代表自变量对因变量施加负向影响。

4 个 PLS 模型的自变量对因变量影响方向　　　　　表 6-11

变量		对 Y_1 农村贫困发生率		对 Y_2 农民人均纯收入	
		分组 1	分组 2	分组 1	分组 2
		（M_{21}）	（M_{22}）	（M_{31}）	（M_{32}）
自然	X_1 平地比	—	—	+	—
	X_2 缓坡比	—	—	—	+
	X_3 陡坡比	+	+	+	—
	X_4 人均耕地	—	—	+	+
人	X_5 人口密度	+	+	—	—
	X_6 外出人口比	—	—	+	+
社会经济	X_7 地均一产值	—	—	—	+
	X_8 地均二产值	—	—	+	+
	X_9 地均三产值	—	—	+	+
	X_{10} 地均固定投资	—	—	+	+

续表

变量		对 Y_1 农村贫困发生率		对 Y_2 农民人均纯收入	
		分组 1 (M_{21})	分组 2 (M_{22})	分组 1 (M_{31})	分组 2 (M_{32})
城镇	X_{11} 城镇化率	—	—	+	+
	X_{12} 城镇密度	—	—	+	—
	X_{13} 县城人口占比	—	—	+	+
支撑	X_{14} 道路密度	—	—	+	+
	X_{15} 中学密度	—	—	—	+

注：分组 1 为区位交通条件较差的县（综合对外交通评价 ≤ 2.2）；分组 2 为区位交通条件较好的县（综合对外交通评价 >2.2）。

将表 6-11 与表 6-7 对比发现，针对农村贫困发生率的 2 个模型的各自变量的影响方向与理论预期完全一致，针对农民人均纯收入的 2 个模型的各自变量也仅有少量几个与预期不符。由此也可证明理论具有较强的适应性与稳定性。

6.3.4　解释变量影响力（VIP 值）比较分析

经计算得出各模型中解释变量影响力（VIP 值），由于被解释变量变化与分组，各变量的 VIP 值排序有了一定差别。各模型中的自变量 VIP 值排序如表 6-12 所示：

以对外交通情况分类的各地区解释变量影响力排序秩次比较　表 6-12

变量		Y_1 农村贫困发生率		Y_2 农民人均纯收入		极差
		分组 1 (M_{21})	分组 2 (M_{22})	分组 1 (M_{31})	分组 2 (M_{32})	
自然	X_1 平地比	2	8	13	11	11
	X_2 缓坡比	3	7	11	7	8
	X_3 陡坡比	4	10	12	12	8
	X_4 人均耕地	10	13	15	10	5
人	X_5 人口密度	9	9	3	5	6
	X_6 外出人口比	15	14	6	13	9
社会经济	X_7 地均一产值	6	4	9	3	6
	X_8 地均二产值	14	6	14	6	8
	X_9 地均三产值	11	2	7	4	9
	X_{10} 地均固定投资	5	3	4	2	3
城镇	X_{11} 城镇化率	1	1	1	1	0
	X_{12} 城镇密度	7	15	5	15	10
	X_{13} 县城人口占比	12	12	10	14	4
支撑	X_{14} 道路密度	13	11	2	9	11
	X_{15} 中学密度	8	5	8	8	3

注：分组 1 为区位交通条件较差的县（综合对外交通评价 ≤ 2.2）；分组 2 为区位交通条件较好的县（综合对外交通评价 >2.2）。极差为某个自变量在 4 个模型中的 VIP 值最大排序与最小排序的差值。

表 6-12 揭示了很多信息，在区位交通条件不同的情况下，各项人居环境要素对贫困的影响力大小体现出不同的特点：

（1）自然系统

①在两组对外交通可达性的情况下，四项变量对于农村贫困发生率（Y_1）影响力排序都普遍高于对农民人均纯收入（Y_2），这表明自然环境的限制对于最低收入阶层的影响多于对农民整体的影响。

②在两组对外交通可达性的情况下，平地比（X_1）、缓坡比（X_2）与陡坡比（X_3）对农村贫困发生率（Y_1）影响力排序都达到了较高的水平，自然地形条件对贫困人口的产生影响十分明显。

③尤其值得注意的是，是在区位交通条件较差的县中，平地比（X_1）、缓坡比（X_2）与陡坡比（X_3）对农村贫困发生率的影响力排序分别达到了第 2 位、第 3 位与第 4 位，这表明在区位交通条件较差的县中，自然环境的限制仍然是产生贫困人口的最主要的因素之一。

④人均耕地（X_4）在各模型中的影响力均排序较后。

（2）人系统

①人口密度（X_5）对于农民人均纯收入（Y_2）的影响力排序普遍高于对农村贫困发生率（Y_1），且在区位交通条件较好的组与区位交通条件较差的组差别不大，分别为第 3 与第 5，位于前列，结合表 6-11 所述人口密度对于农民人均纯收入呈负向相关，说明人口密度较高已经成为影响农民整体收入提升的重要因素。

②外出人口比（X_6）对贫困发生率的影响均位于末尾，表明外出人口的多少对改变最低收入阶层的收入状况影响较不明显。

（3）经济与社会系统

①地均一产值（X_7）对农村贫困发生率（Y_1）与农民人均纯收入（Y_2）都有较为明显的影响。

②地均二产值（X_8）的影响力排序相对位于中等位置，但对外交通条件十分敏感，对外交通条件较好的县的影响力排序大幅高于对外交通条件较差的县，这也许可以证明对外交通条件的改善，对于发展第二产业具有先行性的作用。

③地均三产值（X_9）对农村贫困发生率（Y_1）与农民人均纯收入（Y_2）两者的影响较为突出。同时和地均二产值呈现出同样的对于对外交通条件的高度依赖性。

④地均固定投资（X_{10}）对两者的影响也十分明显。由此可见在现阶段，第三产业的发展与固定资产投入的增加，对于迅速降低农村贫困发生率与提高农民人均纯收入，均有举足轻重的作用。

⑤尤其值得注意的是，在四项变量影响力排序中，区位交通条件较好的县的影响力排序都大大优于区位交通条件较差的县，这也许可以证明，区位交通条件的改善，是地方能够积极发展二、三产业，积极吸引固定资产投资，进而改善贫困现象的基础。

（4）居住与城镇系统

①各项数据毫无争议地表明，城镇化率（X_{11}）对农村贫困发生率（Y_1）与农民人均纯收入（Y_2）的影响占据统治性地位，对于四个模型，其影响力排序都在第1位，充分证明了现阶段，无论在针对最低收入阶层的降低农村贫困发生率方面，还是针对农民整体的增加农民收入方面，大力推进城镇化均能起到非常积极且关键的作用，科学合理的城镇化进程能够显著地改善贫困现象。

②城镇密度（X_{12}）对农村贫困发生率（Y_1）与农民人均纯收入（Y_2）的整体影响力排序较为靠后，但值得注意的是，在区位交通条件较差的分组，其影响力排序大大高于区位交通条件较好的分组。这兴许可以这样解释，在区位交通条件较差的地区，纳入外界交换网络的程度较低，各项要素的流动较弱，因此其发展更加依赖于本地范围内的"凝聚核"——也就是城镇——的作用。

③县城人口占比（X_{13}）在各模型中的影响力排序均位于中后位置。

（5）支撑系统

①道路密度（X_{14}）对农民人均纯收入（Y_2）的影响十分突出，尤其是对于区位交通条件较差的分组。

②中学密度（X_{15}）在各模型中对两个因变量的影响力表现十分稳定，排序位于中等且相差不大，证明本地教育水平的提升对于改善农村贫困现象具有比较明显的作用。

6.4 本章总结

本章首先在县域层面构建了贫困与人居环境五大系统的关联模型，随后继续讨论人居环境各系统的关键因素对贫困的重要性与影响方向。在五大系统中选取15个关键指标作为解释变量，通过对贵州75个县（县级市、特区）的实证研究，得出以下几个结论。

（1）人居环境五大系统与贫困存在直接或间接的联系，并且相互影响、互为因果，构成的整体人居环境与贫困的产生存在紧密的关联现象。

（2）自然地形条件与资源禀赋构成了农村发展的硬性约束，对农村贫困现象的形成具有重要的解释力。

（3）在资源受限的情况下，人口密度过高加剧了贫困现象，并由此带来大量的农村剩余劳动力与外出务工人员，外出务工在一定阶段有助于缓解贫困，但效用有限。

（4）经济发展在减缓贫困中起到十分显著的作用，近阶段，政府投资对减轻贫困作用重大。

（5）现阶段，城镇化进程在带动农村发展、减轻贫困的作用愈发凸显，人口从农村向城市集中的过程能够对贫困的减轻起到极为重要的作用。

（6）支撑系统对贫困的减轻起到基础性、先行性的作用。

第 7 章 — 贵州贫困地区县域人居环境建设对策

前述章节分别从理论上构建了贵州贫困地区县域的人居环境建设基本框架；分析了在解决贫困这一核心问题的目标下，贵州县域人居存在的关键问题；并从实证层面上证明了这些关键问题与贫困的关联。基于前述分析阐明的理论框架，本章尝试构建贵州贫困地区县域人居环境建设的实践框架，在构建有序空间与宜居环境、消减贵州县域贫困现象的总体目标下，提出推进县域治理、推进县域城镇化、构建县域整体空间发展格局等六条对策。

7.1　明确县为治理单元，推进县域治理

针对贵州贫困地区的核心问题，笔者认为贫困在空间上聚集于广大县域。在"全面建成小康社会"的伟大目标中，全面提高县域民众收入与生产生活水平是进行消除贫困、实现基层治理的共同目标。为实现这一目标，应该重视县的重要作用，进一步明确县为广大农村地区治理单元，推进县域治理。

7.1.1　从"整村推进"走向"县域治理"

根据《中国农村扶贫开发纲要（2001-2010）》，我国 2001 年确定了 14.81 万个重点贫困村，集中资金项目，大力提高贫困村的基础设施水平与农业现代化水平,取得了积极成效。但"整村推进"的贫困治理模式也面临新的形势和问题。

首先，造成多数贫困村农民收入低下的原因在于低下的区域环境与经济发展水平，单纯提升村一级的设施水平对于进一步提高农民收入的效用已经越来越小。

其次，贫困标准的提高导致县域内非贫困村出现大量贫困人口，随着 2011 年国家贫困线提高至 2300 元，贫困人口大量增加，农村贫困发生率大幅提升，已经远远高于原定贫困村的范围，如贵州省 2011 年多个县的农村贫困发生率已经超过 40%。这实际上体现了广大县域农村普遍收入水平低下的现实，为了全面地提升农民收入，彻底地消减贫困，必须从更大范畴考虑贫困治理问题。

第三，城镇化与工业化的发展正不断改变农村的发展生态，农民收入越来越多的部分来自于非农收入。县域城镇的发育与县经济的发展正对提高农民收入，降低贫困水平起到越来越重要的作用。

基于以上三点，笔者认为以"贫困村"为主要对象的贫困治理已经不适合当

前的情况与贫困治理的新要求，一方面需要更关注贫困人员个体，另一方面需要从更高的层面，也即是县的层面统筹考虑。

7.1.2　建立县域治理平台，推进县域治理

县域是国家治理最为基层的行政单元，保持了 2000 余年的稳定，中国积累了丰富的县域治理的经验。当前，县也是农村地区覆盖面最广、联系最为直接、统筹城乡最有基础的基层行政单元，是解决"三农"问题的主阵地，是基层统筹城镇化、工业化、农业现代化同步的基本单元。在县域层面可对经济社会发展、城乡建设与农业、农村发展进行综合协调。通过县城与小城镇对农村的带动作用，构建县域城乡一体化。

因此，本书明确提出以县为单元进行基层治理。基层治理是一项综合工程，需要在经济、社会、空间布局、文化等诸多方面对地区进行综合考虑，并最终落实到空间之上，县为基层治理提供了最为合适的平台。上一层级的地市并不直接面对基层地域人民，而下一层级的乡镇又相对缺乏资源配置的有效性。县域正是最为合适的层级，有着较广大的地域与人口，有包括土地、劳动力、资金等多方面的资源，并有着从县城（中小城市）到乡镇（小城镇）到村落的较为完整的城乡聚落体系，能够充分在一县内调动资源、配套建设、整体协调。

以县为单元进行农村基层治理能够切实有效地促进城乡统筹，促进城乡共享社会进步成果，为发展方式转型中的农村进一步发展，加快建设全面小康社会提供了解决思路。主要理由有以下三条，同时这三条是对上面农村地区存在问题分析的原因的回应。

一是县域范围有条件成为消解城乡二元限制的先行者。县一级因其直接涵盖广大农村与基层城镇和县城，是城乡二元体制最为直接、最为基层的体现者。也正因其直接性与基层性，在县域范围内进行消解城乡二元束缚和分隔具备得天独厚的条件。现实情况也正如此，在户籍制度、居住制度、公共服务与社会保障等方面，各地方很多县市进行了破解二元体制的试验，并取得良好效果。

二是以县为单元能够破解基层治理不力的难题。明确以县为单元进行农村基层的治理，避免了条块分割、主体混乱的情况发生，能形成整体的治理思路，明确治理的重点难点，形成整体的乡村治理图景。并且以一个整体承接中央以及省的各项政策、项目、资金，同时具备统筹县内各项资源，能够有效地推动基层治理的进行。

三是能够加强对城镇化进程中农村这一头的重视，有利于纠正现今城镇化过程中的一些偏差，构建农村地区的发展平台，更好地实现农村区域发展目标。这将在下一节详细讨论。

"三农"问题与贫困治理十分复杂，涉及多个方面。当务之急宜将县域农村

基层治理这一基本平台建立起来，使各项建设、各学科、各领域的研究在此平台上得以融汇，形成整体性的治理框架与行动方案，最终完善以县域为单元、兼顾城乡的农村基层治理，实现城乡社会经济发展的融合和一体化。

7.2 推进县域城镇化，优化县域人地分布

党的十八大报告提出坚持走中国特色新型城镇化道路，探索适宜各地实际情况的城镇化发展模式是全面转型发展的必然要求。结合我国发达地区与欠发达地区的不同特点，有必要建构城镇化发展的两条路径。

一是以参与国际与国家市场竞争为导向，以国家与地区核心城市、城市区域优化扩容为重点的城镇化战略。另一条以推进城乡与区域均衡为导向，以振兴欠发达地区、推进贫困治理为目的，以县城为重要节点带动广大农村地区城乡统筹发展的城镇化战略。

在贵州广大农村地区，有必要积极推进县域城镇化，以县城及周边区域为核心，吸纳农村剩余劳动力，促进县域人地空间分布的均衡，实现广大农村地区的城乡统筹。

7.2.1 县域经济活动向核心城镇集中

调研中发现县域经济快速增长区域向以县城等核心城镇集中。如修文县（图7-1），县域经济主要集中于县城（龙场镇）、扎佐镇、久长镇三镇范围内，三镇的生产总值和超过全县生产总值的90%。

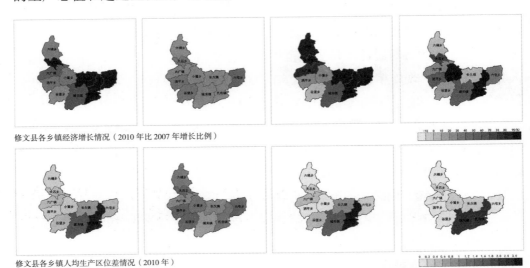

修文县各乡镇经济增长情况（2010年比2007年增长比例）

修文县各乡镇人均生产区位差情况（2010年）

图7-1　修文县各乡镇地区生产总值、增长速度与人均生产值区位差

来源：《修文统计年鉴（2008-2011年）》

便捷的交通条件应当是促进这一"城镇区域"较快发展的主要原因，该县有且仅有的3个高速公路出入口就分别位于这3镇，而通过高速公路——国家南北大通道的"兰海高速"沿线，能切实将这一区域拉入国家经济网络中，3乡镇之间的交通联系也十分方便。乡镇之间的产业发展战略互相补充，形成区域发展的合力。

7.2.2 人口在"进城"与"返乡"两种趋势叠加下向县域城镇集中

经过调研发现，贵州县域农村人口就近向城镇与县城迁移居住的趋势愈发明显。同时，外出农民工返乡就业的情况也愈加突出。两种趋势叠加下，大量农村人口向城镇集中的现象十分突出。

7.2.2.1 农村人口"进城"

在对修文县5个有外迁农户村庄的调研中（表7-1），笔者发现迁居到就近的县域城镇成为最为普遍的做法，高达45%的外迁农户选择搬至就近的镇区居住，搬迁至县城的有24%，也占较大比例，其他搬至省城、其他县市以及外省的一共占31%。调研可看出，外迁农户流向主要还是县内的城镇。

修文县5个自然村外迁农户目的地与职业流向　　　　　　　　　　表7-1

		C村	D村	E村	G村	H村	合计	
							个数	百分比
	近年迁出户数	3	2	15	16	6	42	100%
目的地	镇	3	2	5	5	4	19	45%
	县城	0	0	0	8	2	10	24%
	其他（省城、外县、外省、未知）	0	0	10	3	0	13	31%
职业流向	仍从事农业	1	0	0	0	0	1	2%
	个体商贸业	1	0	2	5	2	10	24%
	工厂	0	0	3	6	2	11	26%
	服务业（包含运输业等）	0	0	6	4	0	10	24%
	其他	1	2	4	1	2	10	24%

来源：周政旭，2011

县城吸引人口聚集的主要原因除了能够提供更多的工作岗位之外，能够提供生活上的便利、实现更高的生活水平也是重要因素。笔者2009年初在修文县对工作于乡镇但居住于县城的人员进行了问卷调查，共收集了30份有效样本，对于其选择居住于县城的原因，"生活便利设施、子女教育、文化休闲、医疗卫生、小区环境是促使人们到县城来购房居住的五大因素。尤其是生活便利、子女教育、文化休闲这三条，分别有63.3%、56.7%和46.7%的调研对象把其选作自己到县城居住的原因之一（图 7-2）。尽管这一部分人每天的交通时间平均在 1.5 小时左右（多为乘坐公共汽车），但他们中的大部分认为相对于其他方面生活质量的提高来说，这点时间可以忍受。"（周政旭，2011）

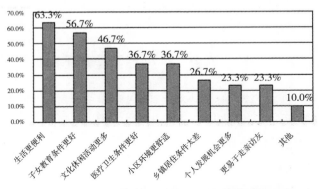

图 7-2　乡镇工作人员选择县城居住的主要原因

来源：周政旭，2011

7.2.2.2　农民工返乡

首先，农民工外出就业一般到 40 岁左右就会因为招工年龄限制等原因返乡，形成所谓的"40 岁"返乡现象。据人力资源与社会保障部（2010）调查数据，80.9% 的企业对年龄有要求，其中，要求年龄在 36 岁以上的仅占 5.2%。此外，据多家机构与学者（国务院农民工课题办公室，2009；韩俊，2009；蔡昉，2009）的研究，对于贵州外出务工人员主要流入地的东部沿海地区的调研，用工单位雇佣劳动力的年龄分布在 40 年龄段[①] 附近呈明显的分界。因此，调研中发现大批 40 岁左右的农民工返乡就业。"人一过了年纪，找工作都找不到，工厂最多只要到 30 多岁的，最好是 20 几岁的小青年"，"到了 40 岁，除非你已经是厂里的管点事的，要不然谁要你啊"。另一方面，外出务工者到了 40 岁左右，自身状态发生较大变化也是他们选择返乡的原因。首先是身体不再容许高强度的外出务工，无论制造业，还是建筑业，其劳动强度都非常大，因此，年纪老了就很少能"跟得上"；其次是家庭原因，在外出务工者 40 岁左右时，其小孩一般到达了上初学、高中的年龄，出于对孩子教育的重视，同时也出于在外地接受中学教育的不便，家长一般在这时候会选择回到家乡，"看到娃儿好好学习"；最后还出于经济状况方面的原因，到达 40 来岁之时，经过十多年的外出打工，一般还是有了一定（尽管很少量）的经济积累，家庭经济状况有所改观，一般还在家乡盖了新房（调研中，外出打工、回乡盖房几乎成为普遍现象），一

---

① 各调研数据对于这一分界的具体数值不尽相同，有 35 岁、39 岁、42 岁、45 岁等不同数值，但就总体趋势而言，40 岁附近成为一个雇用劳动力的分水岭几成共识。

旦盖了新房，儿子娶媳妇与女儿嫁人即有了最基本的保障，在这种情况下，回乡也成了"功成名就"的一种自然选择，"在外奔了这么十多年，房子有了，娃儿拉扯大，这一辈子也就奔够了，该回来了"是典型的回答。在这两方面原因的共同作用下，"40 岁"已经成了外出务工人员"自然"地返乡的年龄分界线。40 岁返乡人员也成为一个"稳定"的返乡人流。值得注意的还有，贵州各县开始出现较大量的外出务工现象始于 20 世纪 90 年代中后期。而出去打工的人群当时则大量集中在 20~30 岁的青壮年。在十余年后的今天，正是这一批人的年龄到达 40 岁左右的时期，因此，每年回乡数量较为巨大的 40 岁以上返乡人群正在形成，并将在今后较长时间形成稳定的回乡流，必须高度重视。

其次，经济形势的起伏、经济结构的调整也直接地反映到农民工"返乡"上。在经济遭遇危机或下行压力时，对外出农民工而言，返乡或许已经成为规避经济风险、抚平经济周期的首要选择。在调研中，很多的地方官员和农民都提到了 2008 年的金融危机，在那次"全国 1.3 亿农民工中有 2000 万农民工因此失业返乡"[1]的经济起伏中，贵州各县的外出务工人员也经历了一次比较集中的"集体返乡"。

如盘县在 2008 年时，不仅出现了外出务工人员数大大低于往年，而且出现了年底大规模的集中提前返乡现象："外出务工 6 个月以上的约 94700 人，比 1996 年高峰时的 16 万人有相当的差距。至 2009 年元月，全县返乡农民工约 11500 人，占全部外出务工人员的 12.14%。"[2]；遵义县在 2008 年金融危机期间也吸纳了大量返乡农民工，据统计，到 2009 年 4 月底，有 28617 名返乡农民工实现当地就业[3]；修文县在 2008 年底"今年返乡农民工剧增，导致就业压力增大，就业形势不容乐观"[4]；据贺雪峰课题组的调研（贺雪峰，等，2010），湄潭县黄家坝镇龙口村在过年前一个月，就已经有 40% 的农民工因为工厂倒闭和工厂开工不满两个原因而返乡，而往常，"农民工都是过年前半个月才陆续回家"。这一具备"集中"、"大量"特点的农民工回乡，不仅成为人口流动的一种重要方式，其处理得当与否，更在保持社会稳定、促进经济持续发展的过程中具备深远意义，因此在人口流动中应当充分考虑。

第三，主动返乡创业。如果说前两种返乡还主要带着"被迫无奈"的意味的话，那么一部分返乡农民工进行的各项创业活动的则完全是"主动"的选择。这一部分外出农民工，基于自身在外务工期间积累的资金、掌握的生产与管理技术、

---

① 据人力资源与社会保障部的统计。
② 来源：当地提供材料。
③ 贵州日报.《贵州遵义县近 3 万返乡农民工实现就业》，2009-05-06
④ 来源自修文县人力资源和社会保障网.http://gzgy.lss.gov.cn/gzgyxw/144403260122333184/20090219/38188.html，2009-02-19.

了解的市场信息以及更加开阔的思路，回乡后利用家乡的各种资源进行生产创业。主动返乡创业在促进贫困地区家乡的经济发展、统筹城乡经济社会等方面具有十分积极的意义。调研中，近些年返乡创业从零零星星逐渐变为渐成气候。盘县 2008 年底返乡的农民工中，即有约 1500 人选择了自行创业。独山、石阡、黔西、荔波、兴义等地均出现部分返乡创业农民工，主要从事服装加工、饰品加工、石材加工、规模化农业、农家旅游、运输等行业。

专题：返乡创业案例

荔波县朝阳镇创兴服装厂：

荔波县朝阳镇的创兴服装厂，由当地芭马村村民覃家念于 2011 年 11 月创立。当地农民外出务工主要在珠三角地区从事服装加工，据当地人士估计，大概全县有 5000 人都在从事这一行业。覃家念自 1989 年外出打工，也一直从事服装加工的行业，从普通工人一直做到千人大厂的总工程师，积累了较为丰富的技术与管理经验，以及较为方便的市场信息网络。去年投资 70 余万，购置了 100 台缝纫机回到家乡，租用当地供销社的闲置仓库，号召当地在外服装厂打工的回乡进厂工作。一时"应者云集"，刚开始就招了 40~50 个已在外地服装厂工作过多年的熟练工，凭借厂长多年积累的市场信息，迅速扩张。到农历春节后，更吸纳了 100 余名原本打算继续外出务工的当地人进厂工作。小厂正准备进一步发挥劳动力的优势，扩大工厂规模。

图 7-3　返乡创业案例——荔波县朝阳镇创兴服装厂

来源：笔者自摄

独山县打羊乡饰品加工厂：

该乡外出打工者在外主要从事饰品加工工作。经过几年的技术与资金积累之后，就有几户人家以 1 万元左右的价格购置饰品加工机械回到家乡，利用当地比较方便的交通条件（近于兰海高速公路），进行"原材料与产品两头在外"的饰品加工。仿效者越来越多，直至 2011 年底，在该乡地域进行饰品加工的返乡农民工已超过 100 家，渐成规模。

返乡创业不仅只为创业者一人提供了致富渠道，往往还提供较大量的就业岗位，一方面为吸引其他返乡农民工，另一方面也解决了部分当地农民的非农就业问题。据韩俊（2009）的数据，平均每名创业者带动就业3.8人，并且主要是来源自东部沿海地区返乡的农民工和年纪稍大已不能外出的中年农民。调研中，笔者发现一批返乡创业企业具备这方面的优势和潜力。

7.2.2.3　农民工返乡目的地大多为城镇，多从事二、三产业

多数调研数据表明返乡农民工的目的地主要是家乡的城镇与县城。如韩俊（2009）的数据，半数回乡农民工选择离家较近的小城镇居住和创业。据国家人口和计划生育委员会流动人口服务管理司（2011）对新生代农民工的调研，新生代农民工大多不愿意回到户籍所在乡村，愿意回去的大多希望在县（市、区）就业。

愿意返乡的新生代农民工中的理想目的地　　　　表 7-2

目的地	县（市、区）城区	乡镇（街道）	农村
比例（%）	63.4	23.4	13.2

数据来源：国家人口和计划生育委员会流动人口服务管理司（2011）

笔者在调研中，也发现返乡农民工中，脱离农业生产，继而选择在就近城镇与县城就业的现象愈发普遍。"30~40岁这一批（打工者），可能有40%以上的人回来后最多到乡镇，不会回农村，好的甚至在县城买房。做生意，搞运输，开馆子的都有"[①]。

据国家人口和计划生育委员会流动人口服务管理司（2011）对外出农民工的调研，在愿意返乡就业的农民工中，50.3%的愿意回去经商，20%的愿意去当地企业做工，愿意从事农业的已不足30%；对新生代农民工的调研则更加明显，愿意再从事农业的已不足10%。

新生代农民工愿意返乡者中的理想职业比例　　　　表 7-3

目的地	经商买卖	企业做工	务农
比例（%）	59.1	21.5	7

数据来源：国家人口和计划生育委员会流动人口服务管理司（2011）

在调研中，笔者发现返乡农民工至少50%不打算从事农业生产，或者至少不以农业为主业。返乡农民工中，从事的职业主要有城镇服务业、附近制造业、农业观光旅游、运输业等。

---

① 见笔者访谈录。

7.2.2.4　县域人口重分布

在以上两种趋势的共同作用下，县域人口从农村大量转移至县城或其他城镇。研究收集到了修文、平坝、独山三县"五普"与"六普"数据，通过对三县各乡镇常住人口变化情况的考察，发现在总体全县呈减少的趋势下，县域内常住人口变化情况呈现县城及少数乡镇增加，其余乡镇减少的态势。修文县 10 乡镇中，只有县城龙场镇常住人口有较快增长。平坝县 10 乡镇中，只有县城城关镇与夏云镇出现常住人口增长，10 年常住人口分别增长 29.4% 与 3.4%，其余各乡镇均呈 -6%~-25% 的减少。独山县则只有县城城关镇常住人口增长了 14.5%，其余 17 个乡镇均呈现出不同程度的减少，其中甲里、甲定、水岩等县镇减少幅度超过 30%。其余各县（市）也基本呈现出相同的趋势，县域内人口从相对偏远的乡镇向县城及周边城镇，以及交通条件较好的城镇集中正在成为趋势。

7.2.3　因势利导，推进县域城镇化

顺应上述经济活动与人口流动的趋向，将县级单位作为推进贵州广大农村地区城镇化的主要着力点，充分发挥县域范围内县城与重点镇对整个县域的带动作用，走集中发展、就近聚集的县域城镇化模式。

侧重于农村地区的县域城镇化更有利于农村的可持续发展，第一，能够更有利于吸纳中小企业与培植地方特色产业；第二，能够在较小的交通距离内让县域内的农民获得就业机会，同时因为较低的门槛而能够使农民更容易"市民化"；第三，能够通过城镇化提高县域公共服务水平，为全县域的民众所共享。

推进县域城镇化，能够有利于提高县级行政单元的发展权益，有利于提高县域统筹城乡发展的能力。在推进县域城镇化的过程中，

第一，要科学判断与主动驾驭现代资本流动与人口流动的趋势，采取适合实际情况的空间发展格局。

第二，需要采取政策扶持增强城镇化发展能力，前期加大基础设施与公共服务投入，吸引产业、人口的共同聚集。

第三，需要高度重视空间规划与管控，重视县域生态区域与农业生产区域的保护，重视村庄空间保护与地方特色传承。

7.3　构建"核心 + 网络 + 腹地"的县域空间发展格局

经济、社会、文化的发展必然最终在空间上体现，同时空间的营建也是整合促进各方面各层次发展的最有力的手段。县域作为农村地区基本的空间治理单元，

为我们实现整体发展提供了平
台。县域空间发展是将人口、
社会、经济、文化等各方面的
变革投射到具体的城乡空间的
重要实现过程。在这一过程中，
应充分考虑县域空间整体谋
划，以整体促进农村地区生产
力提高、生产方式转变、促进
城乡发展一体化，为农村基层
治理的实现提供强有力的空间
依托。

　　针对贵州县域的实际情况
以及当前发展的趋势与有利条
件，本书提出构建以"核心 +
网络 + 腹地"为主体的县域空
间发展格局（图 7-4）。

　　这一格局首先选择发展的
县城以及部分发展基础较好的
小城镇作为县域发展的核心区
域。依托于高速公路出入口或
快速铁路站点带来的发展机
遇，使此区域成为县域联系外
界的重要节点、县域的人流、
物流、信息流通过此核心区域
纳入全国乃至全球的流通网
络。顺应当前县域人口集中与

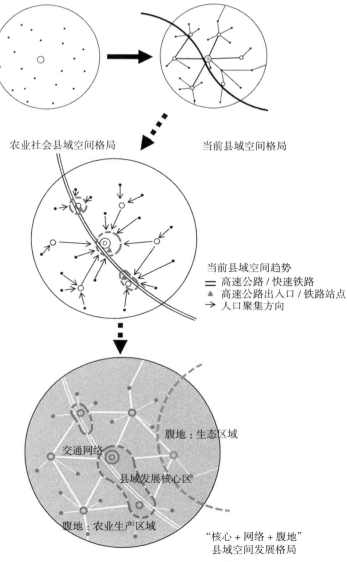

图 7-4　县域空间发展格局模式图
来源：笔者自绘

经济活动集中的趋势，进一步加强县城与部分小城镇的产业吸纳与人口吸纳能
力，使其既成为县域经济发展的核心区域，最终形成对县域范围的辐射带动。

　　其次，这一格局应注重交通网络的构建，构建县域内与县域外快速交通的通
道与节点，在县域内形成高效的交通网络，为人、物、信息在县域内便捷、快
速地流动提供基础条件。

　　第三，在县域广大的农村地区，应进一步夯实农业生产与生态涵养的空间基
础，构建县域农业腹地与生态腹地。在腹地区域，应采取积极措施疏解过多人
口至县域核心发展区域，缓解耕地承载力不足与生态承载力不足的矛盾。在此

基础上，改善腹地区域的居住条件与环境品质，构建广大农村民众的幸福生活家园。位于腹地区域的小城镇应充分转变发展模式，将职能转变至主要为广大农村腹地提供公共服务与商品中转地上来，县域城镇形成合理分工。

7.3.1　以县城及周边区域构建县域发展核心

随着经济的进一步发展，在一些县域经济条件较好、城镇发育较为充分的县，县城与周边发育较好的城镇之间联系愈加密切，伴随相互间交通联系的不断加强，同时地方政府也不断引导，越来越多的人口、资源与产业聚集于几个城镇之间，出现跨越行政区划的"城镇区域"或"城镇集中发展区域"。

如盘县，新县城（红果镇）、两河乡、刘官镇等城镇沿"沪昆高速公路"带状发育，老县城（城关镇）与这一轴线临近，新的城镇发展也已突破乡镇行政区划的限制，沿发展带不断发育。

以县城为中心的县域发展核心地区的形成是县域经济发展的必然表现，同时也为县域经济的进一步发展奠定基础。便捷的交通联系为经济与城镇突破乡镇边界限制形成区域发展提供了基础，原有产业基础在此基础上成为区域经济与城镇发展的进一步推动力，形成互为补充、组团发展的城镇区域后，其经济集聚能力与人口吸纳能力将大大提升。这一现状说明，县域范围下的城镇区域正在展现出越来越大的活力，也将成为县域经济发展的一个主要发展方向。在此认识上，必须重申以县域为基本单元的治理观念，从县域整体出发整合各乡镇空间发展战略，合理确定城镇发展区域，科学进行空间规划。

这一区域应大力发展县域经济，重点提高县城等县域发展核心的产业聚集能力。依托高速公路出入口、高速铁路站点等对外交通连接节点，发展工业区与产业聚集区，积极培育特色产业集群，积极吸纳农村剩余劳动力，使县域发展核心区域成为带动县域经济发展的核心。

第一，发挥原材料、劳动力的天然优势。统筹全县各项资源，继续重视农业基础地位，推进农业产业化，积极发展有机农业、农产品深加工，扩展延伸涉农产业链，同时发挥原材料、劳动力的优势，发展原材料加工以及家具、纺织、工艺美术等劳动密集型手工业。

第二，因地制宜，注重地方特色。过去如浙江青田、河北曲阳和广东云浮的石雕，河北高阳的土布、贵州凯里的银饰等极具地方特色的产品都具有十分广泛的影响力，其产业的发展也大大促进了当地发展，在今天，各县宜根据自身实际情况，深入挖掘地方特色，形成地方的"拳头产业"，此外，还应充分发挥当地自然和历史文化的资源，积极发展休憩旅游业等。

第三，提高就业吸纳能力，吸纳农村剩余劳动力进入县城工作与居住，鼓励农民进城落户，提高核心区域城镇化水平，使该区域成为县域人口聚集中心。

第四，提高该区域基础设施和公共服务水平，提高服务业发展水平，加强城市综合管理水平，提升城市形象、增强城市综合承载能力。

7.3.2　交通网络：构建县域人员、物资、信息快速流通空间

交通设施在县域空间布局中起到重要的作用。奥格本（W. Ogburn）认为大多数的社会变革都是由物质与技术的变革触发，其中交通通信设施常常扮演关键性的角色[①]。新马克思主义者强调物资与信息的流动对于地方发展具有极为突出的作用，因此，构建区域间与区域内的快速流通空间十分重要，"地方必须修建港口、机场、公路、铁路以及信息高速公路等城市和区域基础设施，只有如此才可能得到全球资本的青睐，继而融入全球经济体系"（殷洁等，2012）。

在发达国家，便捷的交通网络往往缩小甚至抹灭了城乡之间的差别，黄凤祝（2009）这样描述德国的城与乡："公路网络、铁路网络、电力网络、信息网络的发展遍布全国，城市与乡村的差别和界限几近消失，城乡融为一体，人们在'城市'中工作，在'乡村'中居住。"在对贵州县域的调研中，也发现部分县域内便捷的交通条件对于统筹城乡发展具有重要的现实意义，在兴义市上纳灰村，公共交通直接通达至市区，因此全村1000多劳动力中有700~800名都在兴义市上班，"白天坐公交车去市里工厂，晚上又坐公交回村里，早六晚八，像上班一样"，"农忙家里忙不过来时，就请几天假帮家里"[②]。在平坝县、黔西县、修文县的道路通达条件较好的村子里，都出现了规模可达几百人的"村庄摩托车施工队"，他们"有摩托车，公路方便。农闲时就四处做活，一般点的建设都可以被他们包下来，以村为单位的干"[③]。

贵州的山国自然地理形态，在农耕时代是形成贵州闭塞、落后的社会经济状况的主要原因。当前工业化、城镇化、现代化的新时代，仍然成为制约地方经济社会发展的重要客观原因。如果不抓住交通与信息基础设施建设的时机，拉近贵州各县域与世界、全国市场网络的联系，差距将会愈发扩大。因此，交通网络建设尤为重要。构建贵州县域的交通网络需要从以下几个方面着手：

第一，借助于国家中长期铁路规划、国家高速公路网布局规划对于中西部地区的偏重，大力推进贵州"县县通高速"工程与快速铁路建设，确保每个县都能方便到达。改善县域尤其是县域核心区域的对外交通联系，使县域能便捷地纳入全国物资、人员交流大网络，促进县域参与国际国内市场体系与资本循环。

---

① 参见：蔡禾 . 2003. 城市社会学：理论与视野 [M]. 广州：中山大学出版社：7-8.
② 来源：笔者访谈记录.
③ 来源：笔者访谈记录.

第二，加强县域通乡通村道路基础设施交通，建立有效便捷的县域交通体系。根据地形地貌特点，合理规划线路，提高道路质量，在县域内形成联系城乡的现代交通网络，缩短各村落、乡镇到县城间的交通时间，在有条件的县建设县域 1 小时交通圈，在地形较复杂地区建设县域 4 小时交通圈，以此促进县域内各人流、物流、信息流的便捷流动。

第三，加强县域对外交通联系节点的建设，合理规划高速公路出入口与快速铁路站点位置，构建县域内外交通体系的快速接驳。

第四，引导促进县域内物流产业建设，借助于交通网络的建构，大大降低物流成本，以此促进物资的快速流动，为企业选址落户贵州县域提供基础。

7.3.3 腹地：夯实农业生产与生态涵养基础、建设幸福生活家园

初步估算，即使中国城镇化达到 70%，也还有 5 亿左右生活在农村的人民；即使城镇建成区面积随人口同步增加，城市建成区与县城建成区面积也只分别有 5.4 万 km^2 与 2.1 万 km^2，农村地区仍然占绝大部分。此外还需考虑农业不可或缺的基础地位，重视广大腹地的发展。

在城与乡的辩证关系中，西方在文艺复兴时期曾有过"城市是文明的同义词，而乡村是土气、粗鲁的同义词"的思想（基思·托马斯，2008），早期现代化理论立足于传统与现代的两分基础之上，并隐含现代优于传统的理论预设，因此才需要实现由传统社会到现代社会的转变，此即为现代化进程。在此过程中，城市与农村也无可避免地打上现代与传统的二元对立的烙印，因而一段时间出现了城市即现代的认知，城市化经常被认为是现代化，或等同于现代化（黄凤祝，2009），如鲍曼（2002）指出："不是所有的城市生活都是现代生活，但是所有的现代生活都是城市生活。就生活而言，成为现代的就意味着变得更像城市里的生活。"但在经历了工业化与城镇化的高速发展之后，不少人反思工业的变革，或是沉浸于过往乡村社会的田园牧歌中，"在无情的城市化进程与越来越多的人尊崇的乡村渴望之间形成了真实张力。……古代田园理想一直到现代工业世界仍然留存。"（鲍曼，2002）"我原本是这样一个人，要是看不到欣欣向荣的小草，听不到雀鸟的啼鸣及一切乡间的声音，就会感到自己过着一种不正常的生活"（赫德森，2002）。

在中国传统中，农村却往往是中国人的精神家园，中国的城乡之间形成城乡共同体。农村，中国人的精神家园。木墙灰瓦，炊烟袅袅，牧童横笛，稻花飘香，正是一代又一代中国人心中亘古不变的"宁静家园"。同时，中国传统社会中，城与乡是一体存在的，"城乡交相生养"，牟复礼（Mote，1977）"认为城市代表了一种高于乡村文明的独特类型的观点在西方文化传统中司空见惯，而在传统

中国却不然。"施坚雅（Skinner，1977）"中国的基本文化分歧是有关阶级和职业的分歧（二者复杂地联系在一起）以及地域的分歧（精心构筑的等级），而不是城乡之间的分歧。"

因此，今天有必要在县域农村腹地坚持特点，不简单地将城镇化的原理套用至广大农村、不能在农村建设中搬用城镇建设的大拆大建等做法，而应稳定农业基础地位、积极扩展涉农产业链、挖掘壮大地方特色产业。

第一，优化地方自然生态布局，构建一定的生态区域，为地区和国家的可持续发展提供保证。针对重要的生态涵养与自然保护区域，应进一步强化其生态功能，保护涵养自然景观与生态空间，并通过植树造林、构建湿地等方式积极培育恢复生态系统。通过空间布局合理规划人工环境与自然生态之间的关系，减轻自然生态系统的人为干扰，同时更利于自然生态发挥其积极作用。

第二，保证大量的农业生产区域，广大农村地区是关乎国家农业安全的重要产粮地区与生态涵养地区，需要保持大量的农业与生态地带。应该以增强农业生产能力、推进农产品深入加工与新兴特色产业的建设为首要任务。

第三，对于人地关系过于紧张，耕地承载力与生态承载力不足以支撑现有人口的农村地区，应积极引导或主动转移部分人口至城镇地区，缓解当地的人地关系。

第四，着眼于人居环境的改善，提高农村腹地的居住生活品质。农村地区具有接近自然的自然条件优势，在居住环境与基础设施得以优化之后，必将吸引人"居于斯、乐于斯"，进而提升农村地区的活力，促进城乡社会经济一体化的实现。据叶齐茂（2008）调查，欧盟就有"50%左右的人口居住在占国土面积90%的农村地区"，而这些人，绝大部分并不从事农业生产，吸引他们定居农村的原因主要在于优越的居住环境。他们的到来也普遍增加了该区域的税收，提高了区域活力，促进了农村地区发展，达到了双赢的良好结果。

第五，遵循"积极保护，整体创造"原则，加强名镇名村等自然文化景观的保护工作。

7.3.4　案例：修文县的县域空间发展格局展望

修文县地处黔中，属贵阳市辖县，南与贵阳市区接壤。下辖四镇六乡，总面积约 1071km^2。按 2010 年人口普查数据，常住人口为 24.9 万，城镇化率 29.35%[1]。2011 年，农民人均纯收入为 6470 元，按 2300 元标准农村贫困发生率为 21.4%，在贵州省 75 县中属于较好水平。

[1]　来源：《贵州统计年鉴 2012》

　　修文县的地形条件相对较为平缓，县域内中东部的龙场（县城）、扎佐、久长三镇以及西北部大石、六桶两乡的平地比例相对较高，其余乡镇的平地比例相对较低，县域西南部与东北部受河谷切割严重，地形相对复杂。

　　县域交通条件较好，对外联系较为便利。国家交通重要干道的兰海高速公路穿越县境，县域内设有扎佐、久长、县城三个出入口。川黔铁路与兰海高速并列而行，在扎佐、久长设有站点，今后还将有成贵、渝黔两条快速铁路经过。

　　较好的地形与区位交通条件促成了县域内龙场（县城）、扎佐、久长三镇的快速发展。依托于便捷的对外交通，全县工业与服务业主要集中于该三镇，三镇的 GDP 总量占到全县 GDP 总量的 90% 以上，依靠高速公路出入口与快速铁路站点设立的产业园区也位于该三镇区域内。三镇正在发育成为县域经济发展的核心地带。

　　修文县城镇与村落分布相对较为平均，但城镇发育与人口转移向龙场、扎佐、久长三镇集中。修文县人口密度较高，按 2010 年户籍人口计算达到 284 人/km²，村庄聚落较为分散，散布于县域全境。但城镇人口结构呈现出鲜明的中心集中态势，修文、扎佐、久长三镇集中了全县 80% 以上的城镇人口，与此同时，大量农村剩余劳动力向该区域集中，据笔者调查，大量人居耕地面积紧张的农村人口向此三镇集中，部分村落的迁居比例达到了 40%。

　　修文县其余为大量的农业生产地带。此外，修文县西部边缘区域以及东北部为河谷切削地带，生态环境较好，自然风光优美。因为位于长江支流上游，生态涵养的任务相对较重。

　　在修文县的现实基础之上，结合前述"核心 + 网络 + 腹地"空间格局模式，本文提出修文县的空间发展格局展望（图 7-5）。修文整体空间形成以县城、扎佐、久长三镇沿交通干线的"县域发展核心区"；以过境高速公路与快速铁路作为联系县境与外界、以县域内交通网联系各乡镇村的快速交通网络；在东部、西南部与西北部生态敏感区与当前生态环境较优地区构建着重于生态涵养与旅游发展的生态腹地，在中部大片区域构建着重农业生产的农业腹地。

　　县域发展核心区域主要由县城、扎佐、久长三镇沿交通干道区域构成。三镇在空间上构成"品字形"城镇结构，相互间由高速公路、快速铁路与主干道路紧密联系，相互间交通时间在 20 分钟以内[①]，空间一体化基础较为充分。在此基础上，三镇形成不同侧重的产业发展方向，并在区域层面统一空间发展格局，形成区域发展的合力，并吸纳县域范围内的剩余劳动力，辐射带动整个县域农村地区的发展。

---

① 在三镇间的以"城市干道"标准修建的联系道路通车后，交通时间将缩短至 10 分钟以内。

图 7-5　修文县"核心 + 网络 + 腹地"空间格局展望
来源：笔者自绘

交通网络主要由过境的兰海高速公路、成贵快速铁路、渝黔快速铁路与境内连接各乡镇、辐射各村庄的交通层级网络构成。高速公路与快速铁路联系县域与外界，促进县域经济与全国市场乃至全球市场的对接。县域内通过建设快速通乡镇道路、改善乡村通达性，建成县域"一小时交通圈"，加强县域内人流、物流、信息流的流动，有利于县域核心地区的进一步发挥集聚与辐射效应、带动县域发展，并有利于县域全民能够方便地接受更优质的公共服务。

县域中部大量国土空间形成农业生产腹地，以稳定农业生产、减轻人地矛盾、构建农村幸福生活家园为主要目标，在保证农业生产的同时，疏解过多的农村剩余劳动力至县域发展核心区域，构建高效农业体系，提升农民生活水平，该区域内的乡镇应着重转变职能，为广大农村腹地提供主要公共服务、构建基层商品流通市场等。

在县域东北部、西南部以及西北部的生态敏感区域构建生态腹地，着重于生态涵养功能，在长江中上游区域构建生态屏障。此区域应尽量减少经济活动，减少对自然生态的干扰，将过多的人口逐步疏解至县域核心发展区域。同时，这一区域应利用优质的生态与景观资源，发展旅游业，该区域内有条件的乡镇（如六广镇、六屯乡桃源片区）应重点完善各项旅游设施，建设成为生态区域内的主要集散中心与服务基地。

7.4 加强公共服务，构建县域"基本生活圈"

日本为了解决城乡之间差异加剧，关注欠发达地区人口流失问题，为了确保能够提供一定水平的公共服务，在 1969 年编制的《日本第二次全国综合开发规划》中提出"广区域生活圈"构想，以半径 30~50km 范围构成一个国土开发和区域发展的基础单位，每个广区域内有一个具有中心城市，发挥城市功能。在此基础上打破市町村界限，共同构建广区域内基础设施，发挥基础设施最大效用。在随后的数次全国综合国土开发规划中，陆续发展为"地方城市定居圈"等构想。随后，邓奕等（2010），张能等（2011）总结出生活圈的理论模型并加以实践。

贵州县域整体公共服务水平低下，需要大力加强县域公共服务投入，增强县域经济发展与城乡统筹的支持能力。但同时，基础设施布局具有其内在客观的要求，如规模需求、成本考量等，不可能在县域城乡推行一致的基础设施水平。农村如何采用适用性技术、合理提升基础设施水平值得关注。另外，在县域村——镇——城之间合理布局公共服务设施，使其既能满足适度集中、分级分类的特点，又能尽可能方便地服务更多的人。

因此，本书提出结合交通网络构建县域"基本生活圈"的构想。贵州县域一般半径在 20~50km 内，具有构建基本生活圈的条件，在构建较为完善的交通网络的情况下，村庄亦能够方便地到达城镇与县城。笔者提出将"基本生活圈"细化为 3 个层级，分别配置如下：

（1）基于自然村范围的初级生活圈构建，公共服务主要提供基本医疗、基本幼儿教育、防火安全、垃圾处理等方面的公共服务设施，对所有自然村实现全覆盖。

（2）基于乡镇范围的中间生活圈构建，公共服务主要配置小学、中学等教育设施，图书馆、文化站等文化服务设施，乡镇医院与社区福利院、养老院等卫生和福利设施。同时，要求转变乡镇主要职能，以提供基层公共服务为根本宗旨，匹配相应资源以强化其基层服务职能，形成农村基层公共服务中心，强调医疗卫生、教育、农技服务、文化服务等对农村的辐射，乡镇一级完成由"基层管理区"向"基层服务区"的转变。

（3）基于县域范围的基本生活圈构建，要求民众的基本生活能够在县域范围内得到解决。在县城与重点镇配置品质提升的重点公共服务产品，缩小与大中城市的公共服务水平差距。合理布局、辐射全县，并通过快捷的交通网实现县域内公共服务的快捷可达。制定公共服务标准，确保每个县域至少有一所好的中学，一所好的医院和一处好的文化活动中心，确保县城真正承担起为农村地区提供教育、医疗、文化服务的中心作用。

总体而言，在广大农村基层，转变服务思路，经过适当改造，根据县城、乡镇、村落的实际情况匹配相应资源，即能在实现农村地区基本公共服务均等化和构建县域公共服务网络的基础上，实现公共服务水平的普遍提高。

7.5　传承地方文化、发扬地方特色、走特色发展之路

"中国文化的根本就是农村"，以农村为主体的中国传统社会，在几千年的发展过程中，孕育、吸收、积淀、创造了灿烂的农业文明。在广大农村地区，经济、文化、社会共同发展，民众普遍重教化、知礼仪，风气和谐向上，创造了丰富多彩的地方文化。苏州吴中的甪直小镇，自唐代诗人陆龟蒙以来一直文风鼎盛，其留下的"斗鸭池"、"小虹桥"、"清风亭"等遗迹今天仍然是当地重要的文化和教育中心，一直影响和促进当地的地方文化。江苏宜兴普遍尊崇教化，地方文化蓬勃发展，并且为国家培养了众多人才，历史上走出了 4 位状元、10 位宰相、385 名进士、21 位两院院士等，8000 多名正副教授，其中包括徐悲鸿、周培源、蒋南翔、吴冠中等学术、文化巨匠……无数案例证明，农村地区在两千多年的发展中，有很多经验财富给今人以启发，以借鉴。即使在今天，部分农村文化、农村生活方式和价值观念仍然有继续存在并且发挥更重要作用的可能。甚至，一些中国传统农业社会的经验能够为当今社会所借鉴，反过来影响城市，成为"新"文化的重要组成部分。

同时，贵州是一个多民族聚居的地区，世居的 17 个少数民族在这片土地形成了"大杂居、小聚居"的居住格局。这些少数民族的传统聚居地多位于各大城市之外的各县（市）。同时受地理多样性的影响，尤其是崎岖的山水阻隔，各民族在处理各自环境与居住关系之时，逐渐形成了自身独特的民居建筑与文化特色，构成了独特的贵州文化（图 7-6）。

如在西江等苗寨，形成了崇敬自然、爱护自然的生态观念，并形成相应的自发规定，成为村寨共同遵守的自然文化。如他们规定毁坏林木、引发火灾的，除要自行补种相应数目的树苗外，还应备足"四个一百二"（即一百二十斤米酒、一百二十斤糯米、一百二十斤猪肉、一百二十斤蔬菜）分给村寨各户，同时处罚在村寨"鸣锣喊寨"一年。贵州各县的多元文化，大都是一种建立在山地地形之上，在相对比较严苛的生存环境之下，根据常年传承下来的不同的传统智慧，顺应自然的生存之道。山地农耕的文化智慧绝不仅限于生存，但却是在满足生存的前提之下，在此基础上形成的处理人与自然、人与人、人与社会的方式，并将之固化为一个地区的普遍行为方式。正如贵州本土学者罗康智等（2009）所言："选择了一种生计方式即是选择了一种文化"。

苗族吊脚楼民居（雷山县）　　　　　　侗族民居（黎平县）

布依族石板房民居（镇宁县）　　　　屯堡民居（安顺市西秀区）

图7-6　贵州各民族独具特色的民居
来源：笔者自摄

　　而多山破碎的地形，传统农耕的积累，以及多元的少数民族分布，使得贵州各县成为多元文化的天然宝库。时至今日，这些文化不仅耕植当地，仍以"鲜活"的姿态生存于广大县域农村，同时多元的、地方性的文化具备传统的、往往也是朴素的对自然与社会调适的智慧。

　　县域治理的框架下加强文化教育建设，现阶段似可在以下方面多做工作：

　　（1）大力提高儿童教育水平。改善农村地区教学条件和师资水平，为适龄少年儿童提供高质量的教育，提升农村地区的受教育水平。借助专科学校、业余学校、技工培训等多种方式，面向所有农民，传播先进的科学技术与现代文明，提高地方的整体知识文化水平与现代科技水平。

　　（2）文化"硬"设施与"软"实力建设相结合，提高县域文化设施水平，活跃县域文化氛围。在村庄设文化站、图书室等综合文化设施，乡镇与县城设立文化中心、图书馆等多样化文化设施。同时加强设施利用能力与管理水平，通过活动、竞赛等方式调动基层积极性、活跃基层文化氛围。

　　（3）传承发扬地方文化的优秀传统，培育文化自信。并通过多种手段，加强教育，积极吸纳先进的科学技术，传承创新地方文化，实现农村文化的复兴。

　　（4）通过经济条件、居住环境等的改善，积极创造条件留住人才，吸纳人才，促使其为构建农村新文化做出贡献。

（5）贵州各县域往往具有独特的民族文化与地方文化特色，被誉为"文化千岛"。现在尽管处于"欠发达"状态，但如果治理得当，保护地方文化特色，通过各种方法发扬地方特色，可以形成独具特色的发展之路，甚至后来居上。如可采取有力措施保护自然与文化风貌，依托山地特色，发展特色旅游，构建休憩目的地等（表 7-4）。

雷山县旅游文化资源　　　　　　　　　　　　　　　表 7-4

雷山县	风景名胜区	雷山风景名胜区（省级）	
	自然保护区	雷公山自然保护区（国家级）	
	森林公园	雷公山森林公园（国家级）	
	地质公园	黔东南苗岭地质公园（国家级）	
	景区	西江千户苗寨景区（4A 级）	
图例	● 国家级自然保护区　■ 国家级风景名胜区　▲ 国家级森林公园　▲ 国家级地质、湿地公园　● 省级自然保护区　■ 省级风景名胜区　▲ 省级森林公园　▲ 省级地质、湿地公园　● 其他各类自然生态区、景点		

一旦将优势资源与产业发展作良好衔接，将对县域经济产生显著的推动力。如雷山县依托其良好的生态自然资源与苗族聚居地的良好条件，旅游业在近几年有了快速增长，从 2003 年的不足 7.27 万的游客量与 0.15 亿的旅游收入，迅速增长到 2011 年的 350 万游客人次与 15 亿旅游收入，旅游已成为该县的支柱产业。该县三产比例也由 2000 年的 60.9%：10.5%：28.6% 调整为 2010 年的 25%：24%：51%，结构更为合理。

7.6　配套改革，完善治理机制

以县域为单位进行农村基层治理，需要强化县在农村基层的行为主体地位，进行相应的行政体制配套。

7.6.1　扩权强县、转变基层行政职能

扩权强县，强化县作为单元统筹全县各项治理活动的能力。扩大县级政府治理权限，赋予县更高的资源调动能力与统筹协调能力，明确县在统筹城乡发展中发挥主体作用。中央与省一级的政策、资金、项目，也应下达至县一级，由

县根据实际情况进行统筹安排。

统筹县域发展核心区与发展腹地的关系，构建县域主体功能分区。根据县域各乡镇所处功能分区的不同，转变管理职能。县域发展核心地区的乡镇，应积极发展相关产业，提高城镇承载力，增加就业岗位，吸纳农村剩余劳动力进入；其余乡镇应突出其公共服务、生态涵养、农业发展中心的职能，使其成为农村地区的社会服务中心、文化活动中心与经济集散地。

7.6.2　构建县域财政统筹共享机制，建立考核激励新机制

与转变行政职能相适应，构建县域统筹各乡镇的财政共享机制，统筹县域发展核心区与发展腹地区域的税收，平衡各区域间财政收支。财政支出进一步向公共服务薄弱的乡镇与村庄倾斜。

构建新的政绩观与治理激励制度。改变以往以"GDP"为核心的官员考核激励制度，根据各区域不同的特点制定标准，以各区域功能发挥为治理标准。

7.6.3　调动民众积极性，多方参与，共同治理

广泛动员村落力量，凝聚共识，"美好家园，共同创造"。完善农村基层制度建设与经济建设，激发村落集体自身"造血功能"，在村落层面实行"支持"与"放权"结合的方针，激发村落自身发展的潜能。可借鉴韩国"新农村运动"以及我国台湾地区"城乡风貌改造运动"的经验，构建乡镇村民众自发申报——县级政府统筹——中央与地方财政支持的治理新模式，发挥地方与民众的作用，激发地方积极性，建设美好家园。

重视培育农村精英，引领农村治理。调动各方力量，培育农民组织与领军人物，培育农民主人翁意识。中国传统社会中，士绅[①]为基层社会里联系国家统治与广大民众的重要一层，基本上全面介入了包括礼教王法、税赋人丁、乡里治安、风俗文化、教育学校、水利仓储、社会保障等等各个方面。中国治理方式与社会模式中,他们成功将中上层的"行政治理"的大传统与基层民众的"基层自治"相连接起来，发挥了重要的作用。士绅阶层形成了官与民间的"第三种"力量，对于农村地区的稳定和发展起到重要作用，这对今天仍很有启发意义。在县域治理过程中，应培育农会等农民组织，充分借助领军人物的带领号召作用，凝聚共识，促进农村地区"自信、自强、自立"。

---

① 关于"士绅"阶层，何怀宏在《选举社会及其终结——秦汉至晚清历史的一种社会学阐释》（三联书店1998年版）中这样阐述："并不是一个隔断的，而是粘连官民、上下、尊卑、贵贱的阶层，它甚至不是一个独立的、固定的阶层，而是一个自身面目不分明的阶层，是一个总在流动、变化的阶层"，"并无自己独立的来源，它不过是由农、工、商，也包括官员的子弟构成，而无论是谁，要上升到官场并飞黄腾达，一般都必须走这条路。"

引进外部智力参与，多方协作，提升治理水平。通过相应制度设计，吸引外部学者、专家参与到县域人居环境建设与贫困治理中来。通过设立"县总规划师"、"村庄规划设计顾问"等职位，鼓励专家学者扎根基层，参与地方治理。

7.7　本章总结

针对贵州贫困地区的实际情况，为实现建设有序空间与宜居环境、消减贫困现象的目标，笔者对贵州贫困地区县域人居环境建设提出六条对策建议：

（1）明确以县为单元推进贫困治理，构建县域治理平台，整合各项政策、项目、资金，形成整体性的治理框架与行动方案。

（2）推进县域城镇化，优化县域人地空间布局。驾驭经济集中与人口集中的趋势；在继续推进大中城市发展的同时，重视县域城镇尤其是县城的发展，提高其资源承载力、产业聚集能力与人口吸纳能力，使其成为农村地区发展的核心；

（3）统筹、优化县域空间布局，构建城乡一体化发展基础。以县域城镇为依托，协调推进城乡统筹与新农村建设；优先发展县城等具备条件的城镇或城镇区域，形成县域发展核心，促进优势产业聚集，吸纳剩余劳动力，推进县域经济发展与城镇化水平提升；加强乡镇驻地的公共服务职能，构建农村服务中心与发展依托；进一步推进新农村建设，改善农村人居环境。

（4）加强县域基础设施投入，增强县域经济发展与城乡统筹的支撑能力。加快建设县域间快速交通体系，改善县域尤其是县域核心区域的对外交通联系，促进县域参与国际国内市场体系与资本循环；改善县域通乡通村道路基础设施交通，在县域内形成便捷交通网络；以农村居民"生活圈"布局公共服务设施，构建分层级、广覆盖的基层公共服务体系；采用新型技术，促进农村基础设施水平提升。

（5）加强县域文化教育建设，传承发扬地方文化，为地方特色发展之路奠定基础。大力加强县域基础教育与职业教育，提高全民素质，提升劳动力竞争能力；积极创造条件留住人才、吸纳人才；凝聚文化共识，树立文化自觉，传承发扬优秀地方文化与民族文化。

（6）改革创新相应制度，完善治理体制机制。进一步深化扩权强县进程，在县域整体空间格局的基础上，根据各乡镇的不同特色，转变基层行政职能；构建县域内财政统筹共享机制，改革官员治理激励机制，使县域治理"各得其所"。

第 8 章 —— 结论

贵州是全国贫困人口最多、贫困程度最深的地区，其贫困主要集中于广大县域农村地区。相对应地，其县域人居环境在具有一定的特点的同时，也存在一些关键问题，这些关键问题与贫困存在较为显著的关联。本书主要研究贵州贫困地区的县域人居环境建设问题，希望通过发现人居环境的核心问题并加以改造，能够有利于贵州县域有序空间与宜居环境的形成，有利于地区发展与减少贫困。

8.1　研究方法的探索

本书以人居环境科学为基本框架，坚持以问题为导向的"融贯的综合研究"方法。贵州，尤其是贵州广大农村地区最为突出的问题为贫困，实现地区发展、城乡统筹、消减贫困是贵州县域人居环境建设的核心问题。这一问题与经济、社会、文化、行政紧密联系，解决这一问题需要多方面、多学科、多层次共同作用。因此，本书牢牢抓住贵州县域中贫困问题，以人居环境科学为基本框架，整合各学科相关部分，从经济社会、生态环境、社会、行政治理等多方面考察问题，并最终试图从空间上构建解决问题的基础。

本书紧紧抓住县域这一基本单元。自古以来，我国即有以县为单元进行基层治理的传统，并且一直以来是农村地区覆盖面最广、联系最为直接的基层行政单元，贵州的贫困问题也主要集中于县域。在当前情况下，县域是整合县内各项资源，承接各类政策、项目、资金，形成发展合力的需要，也是当前人口转移与经济集聚趋势的合理回应。本书抓住贵州贫困地区的县域这一基本单元，分析贫困与人居环境问题，并以此为平台进行基层人居环境建设，统筹城乡发展，希望借此最终实现地区发展与贫困消减的目标。

本书采取"理论演绎—案例归纳—数理实证"三点定位的理论结合实证研究方法。本书注重理论与实证相结合，案例与数据相结合。首先通过人居环境科学的理论演绎，结合贵州贫困地区县域的实际情况，构建以人居环境为基础的整体理论框架；通过典型案例，梳理归纳县域人居环境的阶段性特点与面临的核心问题，构建理论模型；随后，通过贵州75县的调研数据，验证理论模型，分析县域人居环境对地区发展与贫困情况的影响因素与作用机制。并最终据此提出针对性、整体性的对策建议。

8.2 研究主要结论

8.2.1 构建了贵州贫困地区县域人居环境建设的基本理论框架

本书运用人居环境科学的基本理论，并根据实际情况加以充实与发展，构建了贵州贫困地区县域人居环境的基本框架。

（1）这是人居环境科学在贫困地区县域层次的具体运用。县作为统筹城乡研究的一个重要单元，也是进行人居环境研究的一个重要层级，包括县城镇、聚落以及建筑等层次，同时具有突出的"城乡融合"的特点；同时，贫困地区的人居环境建设与发达地区具有不同的特点，并随着贫困程度的不同呈现出阶段性特征。本书在人居环境科学的指导下，分析并尝试解决贫困地区县域建设与发展过程中的问题，是人居环境科学在特定层次与特定区域的具体实践运用。

（2）本书在人居环境科学五大系统的基础之上，结合实际情况做适当调整，构建了研究县域人居环境的五大系统。在人居环境科学原有"自然"、"人类"、"社会"、"居住"、"支撑"五大系统的基础之上，结合县域层级的实际特点，本书对此做了适宜于研究县域问题的调整，提出了"自然"、"人类"、"经济与社会"、"居住与城镇"、"支撑"五大系统的县域人居环境分析构架。

（3）本书根据县域贫困程度的不同，构建县域人居环境在不同贫困程度下的阶段性特征。根据贵州各县域的实际情况，将各县域分为贫困、基本温饱与基本小康三阶段，并根据各阶段县域的人居环境状况构建县域人居环境因贫困程度不同而呈现出的阶段性特征。

（4）本书提出了贵州县域人居环境建设的目标：提供宜居的生产生活环境；提供经济发展与社会进步的空间支持；消减贫困；同时充分注重保存并发扬地方特色文化，为县域进一步的特色可持续发展提供可能。

8.2.2 贵州县域人居环境存在四方面制约条件

通过理论演绎、案例分析以及对贵州各县人居环境状况的实证研究表明，人地关系紧张，城镇及产业支撑薄弱，基础设施条件支撑能力不足，地方文化与地方特色不断被破坏是贵州贫困地区县域人居环境的四个核心问题，并与县域人居环境所处的阶段特点相关联。

（1）人地关系紧张。地理单元完整封闭，地形地貌山隔水阻；地形起伏严重，生态脆弱；耕地资源稀少破碎；人口压力巨大，人均耕地面积十分稀少。

（2）县域经济与城镇发育情况薄弱。县域经济薄弱，发展不均衡；县域城镇发展滞后，吸纳能力有限；农村剩余劳动力大量外出打工。

（3）基础设施与公共服务情况落后。道路交通是制约发展的最大瓶颈；县城缺乏高质量公共服务设施，公共服务水平低；乡镇设施薄弱、公共服务能力较弱；村庄基础设施水平严重低下。

（4）地方文化与地方特色不断被破坏。贵州是山地农耕文化与少数民族文化并存的典型地区，被誉为"文化千岛"，文化特色鲜明，诸多文化瑰宝。但当前农村空心化严重、乡村精英缺乏，人才加剧流失。地方文化受到冲击，在当前面临严重危机。同时地方教育水平较低，民众素质亟待提升。

8.2.3 贵州县域人居环境制约条件与贫困存在密切关联

本书实证表明，人居环境五大系统与贫困现象紧密关联。人居环境质量好坏，构成贫困产生的"门槛"因素。

（1）人地关系紧张，地形限制、人口限制、耕地限制是贫困产生的重要基础条件。人口密度过大限制贫困的减少，人均耕地过少与贫困发生率密切负相关，对农村贫困现象的形成具有重要的解释力。

（2）县域经济发展在减缓贫困中起到十分显著的作用，近阶段，政府投资对减轻贫困作用重大。

（3）现阶段，城镇化进程在带动农村发展、减轻贫困的作用愈发凸显，人口从农村向城市的集中的过程能够对贫困的减轻起到极为重要的作用。

（4）支撑系统对贫困的减轻起到基础性、先行性的作用。

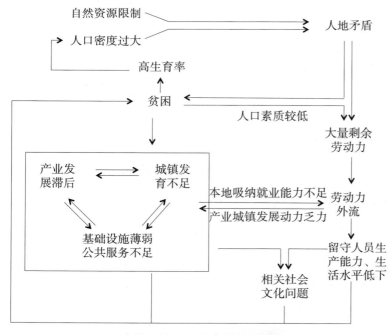

本书构建了人居环境与贫困的产生机制（图8-1）。首先，人地矛盾突出导致历史"贫困循环"，产生大量剩余劳动力；其次，县域城镇发育不足、经济发展缓慢、支撑系统落后、三者相互作用，互为因果；县域发展滞后，对剩余劳动力吸纳能力薄弱，劳动力年轻时外出打工，中老年后回乡，并不能根本解决贫困问题，并形成新的贫困循环；由此产生大量社会与文化问题，地方文化特色受影响，为后续发展造成较大障碍。

图 8-1　人居环境制约因素与贫困的产生机制
来源：笔者自绘

8.2.4 针对以上问题，提出六条县域人居环境建设对策

为了构建有序空间与宜居环境，通过人居环境的改善促进地区发展与贫困消减，本书提出了六条对策：

（1）明确县为治理单元，推进县域治理。本书认为"整村推进"已不能满足大部分农民脱贫的要求，需要在扩权强县的基础上，建立县域治理平台，推进县域治理。

（2）推进县域城镇化，优化县域人地分布。这是对县域经济活动与人口向核心城镇集中的趋势的正确回应。构建县城为重要节点带动广大农村地区城乡统筹发展的城镇化发展路径。需要科学判断与主动驾驭现代资本流动与人口流动的趋势；采取政策扶持增强城镇化发展能力；重视空间规划与管控。

（3）构建"核心＋网络＋腹地"的县域空间发展格局。以县城及周边区域构建县域发展核心；构建县域人员、物资、信息快速流通空间；夯实农业生产基础、建设民众幸福生活家园。

（4）提高公共服务水平，构建县域"基本生活圈"。构建自然村范围的初级生活圈，基于乡镇范围的中间生活圈，和基于县域范围的基本生活圈。县城成为广大农村地区提供教育、医疗、文化服务的中心。

（5）传承地方文化、发扬地方特色、走特色发展之路。大力提高教育水平，传承发扬地方文化的优秀传统，培育文化自信；积极创造条件留住人才，吸纳人才，促使其为构建县域新文化做出贡献；通过恰当的治理，保护地方文化特色，发扬地方特色，形成独具特色的发展之路。

（6）相应配套改革，完善治理机制。转变各乡镇职能；构建县域财政统筹共享机制，建立考核激励新机制；调动民众积极性，多方参与，共同治理。

8.3 本书主要创新点、不足与研究展望

8.3.1 主要创新点

本书的创新点主要体现在以下三个方面：

（1）在理论层面上，本书在人居环境科学的基础上初步构建了贵州县域人居环境建设的理论与实践框架，并在特定层次（县域）与特定地区（贵州）丰富与发展了人居环境科学体系。同时，本书在方法论上作了一定程度的创新。

本书主动运用人居环境科学的基本思想与方法，以贵州贫困地区的县域为研究对象，分析研究贫困地区县域层次的问题，初步构建了贵州县域人居环境建设的理论与实践框架。这是人居环境科学的一次实践运用，为贫困地区的治理

与发展提供了理论与实践的支持。

在具体的研究过程中,本书还在特定层次(县域)与特定区域(贵州)对人居环境科学体系做出了有益的丰富与发展。

本书在县域层次,考虑当前的实际情况与统筹城乡的目标,尝试构建了由自然系统、人系统、经济与社会系统、居住与城镇系统、支撑系统构成的五大系统框架,并以此为基础展开对县域人居环境的分析,是人居环境科学五大系统在县域层面的具体运用与丰富。

本书根据贵州各县域不同的发展情况与贫困程度,分析人居环境随贫困程度的不同而呈现出的不同情况,构建了县域人居环境在"极度贫困"、"总体温饱"、"总体小康"情况下的阶段性特点,并根据三个阶段的不同情况总结存在的关键问题,构建了县域人居环境状况与贫困之间的相互关联与影响模型。这是人居环境科学在特定地区(贵州)做出的针对特定核心问题的发展。

在方法论上,本书坚持人居环境科学的"以问题为导向,融贯性的综合研究"的研究方法,同时采取理论演绎、案例定性归纳、数据定量验证"三点结合"的理论结合实证研究方式。通过对理论的梳理演绎和对典型案例的分析归纳,提炼出核心问题与假设,然后基于收集的贵州省75县的定量数据,通过模型建构与数理分析,验证提出的问题与假设。最后,在此基础上,提出针对性、整体性的对策建议。

(2)在实证层面上,从整体论出发,系统地分析了贵州贫困地区县域的人居环境特点与关键问题,并在构建人居环境与贫困的关联与影响机制方面做了一定尝试。

根据前述分析框架,本书从典型案例出发,总结出贵州县域构成重大影响的数个人居环境关键问题。随后围绕贫困这一核心问题,系统性地分析了贵州贫困地区县域的人居环境特点与空间分布情况。本书通过对贵州县域人居环境的整体分析,讨论了人居环境对贫困产生的影响因素,建立了相互间的作用机制。同时,本书还以贵州75个县的定量数据,通过空间统计分析方法与多元回归方法等空间研究与数学建模工具,初步验证了以上影响因素和作用机制的假设。

(3)在政策层面上,本书通过对贵州贫困地区人居环境制约因素的分析,针对性、系统性地提出相应的建设对策。

贵州贫困地区城乡发展面临诸多问题,涉及多个方面、多个学科,且各因素互为前提、相互影响。因此,本书在通过对贫困地区人居环境制约因素的分析找出核心问题之后,针对性、系统性地提出对策建议。对策建议直指该地区县域人居环境的关键问题,针对性强。同时,对策建议充分注重整体观念,从政治、经济、文化多角度思考，并最终落实于空间，突出重点，形成人居环境建设的系统性对策建议。

8.3.2　不足之处

限于时间与相关条件，本书还存在以下三方面的不足，需要在进一步的工作中加以克服：

（1）本书仅是初步构建了贵州贫困地区县域人居环境建设的基本框架，理论基础仍显薄弱，实证成果有待深入。同时应注意到，贫困是一个相对的、动态的过程，贫困问题处于发展之中，各县域的人居环境也处于发展之中，限于时间与资料，本书对县域人居环境的演变过程，以及此演变过程中人居环境与贫困的相互关系考察相对欠缺。

（2）本书提出贵州贫困地区县域人居环境建设对策尚需经过实践检验。本书讨论通过改善县域人居环境的若干对策促进地区发展、缓解贫困，这些对策有些已经在贵州的部分县域得以实施，有些仍有待进一步的观察和推动。这些对策适合与否？效用如何？仍需实践检验，并据实践检验成果不断修正发展。

（3）限于时间与相关条件，本书未能选择某一典型县域进行进一步的深入分析与试点探索，未能对该试点县域的空间发展战略等对策建议进行更加深入和针对性的探索。

8.3.3　未来研究展望

未来还需要在以下几个方面持续开展研究：

（1）进一步借鉴相关理论学说与实践经验，结合贵州县域实际条件，进一步夯实理论基础。

（2）对贵州贫困地区县域持续跟踪研究，考察县域在不同发展阶段、不同贫困状态下的人居环境特点。

（3）在有条件的情况下选择有代表意义的县，开展县域人居环境建设试点，根据该县的情况制定具体的空间战略、建设方案与配套措施，并就该县的实践成效进行评估，充实调整贵州贫困地区的县域人居环境建设理论框架与实践对策。

（4）此外，在贵州之外，将来可进一步开展对我国其他典型地区的研究，在不同地区进行一系列试验，积累基层县域人居环境的有序发展与空间优化的理论与实践经验，最终为基层治理提供空间保障。

8.4 结语

20多年前，歌曲"在希望的田野上"将我们的美好的家园景象深情地勾勒出来。

"我们的家乡在希望的田野上，炊烟在新建的住房上飘荡，小河在美丽的村庄旁流淌。一片冬麦，一片高粱，十里荷塘，十里果香。我们世世代代在这田野上生活，为她富裕为她兴旺！"

经历长期以来的贫穷落后，以及快速城镇化三十年来的"重城轻乡"与农村凋敝，回头去看咱们共同的故乡，歌词中所描述的难道不是乡村版本的"我的中国梦"？我们希望通过共同的努力，为这片田野、这个家园做更多的事情，使生活在它上面的子民不再受到贫穷的袭扰，使田野永远充满希望，使家园永远美好富饶。

附录 — 文中涉及的部分计算方法

一、空间统计方法相关计算

（1）空间权重矩阵

要素的空间聚集是以对象的空间邻接与否、距离远近为基础的，为将空间的关系转变为数学模型，需要建立相应对象的空间权重矩阵。通常，通过定义1个 $W_{n \times n}$ 的二元对称空间矩阵来表征一个具有 n 个对象的区域的空间邻接与距离关系。

$$\begin{bmatrix} W_{11} & W_{12} & \dots & W_{1n} \\ W_{21} & W_{22} & \dots & W_{2n} \\ \dots & \dots & \dots & \dots \\ W_{n1} & W_{n2} & \dots & W_{nn} \end{bmatrix}$$

其中 W_{ij} 是根据权重距离建立规则所赋予的值，通常的规则有基于邻接与否的邻接规则和距离远近的距离规则。本文采用 k-Neareat 法构建空间权重矩阵，取 $k=6$，及将距离目标对象（以县政府所在地计）距离最近的 6 个对象赋值为 1，其余赋值为 0：

（2）Global Moran's I 指数

全局空间自相关是对某个变量在整个区域空间分布特征的描述，通常的统计量有 Moran's I，Geary's C 等。本文采用 Moran's I 指数，公式为：

$$I = \frac{\sum_{i=1}^{n}\sum_{j \neq 1}^{n} w_{ij}(x_i - \bar{x})(x_j - \bar{x})}{S^2 \sum_{i=1}^{n}\sum_{j \neq 1}^{n} w_{ij}}$$

式中，x_i 为区域 i 的观察值，w_{ij} 是空间权重矩阵，

$$S^2 = \sum_{i=1}^{n}(x_i - \bar{x})^2, \ \bar{x} = \frac{1}{n}\sum_{i=1}^{n} x_i$$

I 值可采用标准化 Z 值进行检验：

$$z = \frac{I - E(I)}{\sqrt{VAR(I)}}.$$

一般在显著性水平取 95% 的情况下，Z 值达到 1.65 以上，则通过检验。

（3）Local Moran's I 指数

$$I_i = \sum_j w_{ij} z_i z_j$$

式中，I_i 为 Local Moran's I 指数，w_{ij} 为空间权重矩阵，z_i，z_j 为均值标准化后的观察值。

二、区位交通可达性指数（D）计算 [①]

通常认为，区位因素（本文主要考虑临近中心城市的规模和距离）直接影响到县域接受辐射的强弱，进而影响其可达性；同时，对外通道的建设情况则对县域要素参与到大范围流动产生决定作用。因此，本文的区位交通可达性指数（D）主要考虑（1）区位因素；（2）对外交通通达性两个方面。公式为：

$$D = \sum_{i=1}^{2} \alpha_i f_i$$

式中，D 为区位交通可达性指数，f_1 为与区位因子，f_2 为对外交通可达性因子，α_1，α_2 分别代表两个因子的系数，在参考已有研究成果的情况下两者取值均为 1。

区位因子 f_1 的表达式为

$$f_1 = \lambda \varphi_1,$$
$$\varphi_1 = \frac{\sqrt{ep}}{\sqrt{e_0 p_0}},$$

λ 为交通距离系数，与县级政府驻地至最近的中心城市（地级市或自治州府驻地）的最近交通距离 dist（计量单位为公里）相关，取值为：

$$\lambda = \begin{cases} 2, & \text{当 dist} \in [0, 50] \\ 1.5, & \text{当 dist} \in (50, 100] \\ 1, & \text{当 dist} \in (100, 200] \\ 0.5, & \text{当 dist} \in (200, +\infty] \end{cases}$$

e，e_0 分别为临近中心城市主城区与省城的 GDP 值；p，p_0 分别是临近中心城市主城区与省城的人口总量。

对外交通可达性因子 f_2 的表达式为

$$f_2 = \sum C_{im}$$

[①] 本方法借鉴全国主体功能区规划编制材料《省级主体功能区划分技术规程（试行）》以及刘传明等（2011）的县域综合交通可达性测度方法，并根据实际条件加以修正。

C_{im} 为县域 i 在对外通道 m（空中、铁路、公路）的赋值。根据县域对外通道节点的数量多寡、等级，在充分借鉴以往研究并征求专家意见的情况下，对其分别赋予相应的值，对外通道数据来源自 2010 年出版的《贵州省交通图册》。

关于空中通道的赋值：县域内有民用机场的计 1 分，否则计 0 分；

关于铁路通道的赋值：根据县域内是否拥有火车站以及火车站技术等级赋值，具体为拥有一等站以上火车站点计 2.5 分，拥有二等站计 2 分，拥有三等站计 1.5 分，拥有 4 等站计 1 分，其余级 0 分。

关于公路通道的赋值：县域内有高速公路出入口计 2.5 分，有高等级公路或在建高速公路计 2 分，有国道计 1.5 分，有省道计 1 分。

三、偏最小二乘（PLS）回归方法计算 [①]

具体的过程为：

（1）数据标准化处理：

对 X 和 Y 的每个列向量分别作中心化—压缩化处理，使得每个列向量的均值为 0，方差为 1（后面假设 X 和 Y 已经标准化）。

（2）第 1 成分 t_1 和 u_1 的提取：

t_1 和 u_1 的公式可以写为：

$$\begin{cases} t_1=Xw_1 \\ u_1=Yc_1 \end{cases},$$

其中 w_1 和 c_1 分别是矩阵 X^TYY^TX 和 Y^TXX^TY 的最大特征值对应的单位特征向量。

（3）第 2 个至第 n 个成分的提取：

第 2 个成分 t_2 和 u_2 通过计算 X 和 Y 对 t_1 和 u_1 的 3 个回归方程获得：

$$\begin{cases} X=t_1p_1^T+X_1 \\ Y=u_1q_1^T+Y_1^* \\ Y=t_1r_1^T+Y_1 \end{cases},$$

其中：

$$\begin{cases} p_1=\dfrac{X_0^Tt_1}{\|t_1\|^2} \\[2ex] q_1=\dfrac{Y_0^Tu_1}{\|u_1\|^2} \\[2ex] r_1=\dfrac{Y_0^Tt_1}{\|t_1\|^2} \end{cases},$$

① 本方法主要引用自：王慧文. 1999. 偏最小二乘回归方法及其应用 [M]. 北京：国防工业出版社.

而 E_1，F_1^* 和 F_1 分别是三个回归方程的残差。

用 X_1 和 Y_1 取代第（2）步中的 X 和 Y，求得第二个特征向量 w_2 和 c_2，分别是矩阵 $X_1^T Y_1 Y_1^T X_1$ 和 $Y_1^T X_1 X_1^T Y_1$ 的最大特征值对应的单位特征向量，同理也有 t_2 和 u_2 的表达式。如此计算下去，也能得到 t_n 和 u_n 的表达式

（4）交叉有效性：

这是为了解决选取成分的个数问题。（中间计算过程略）

$$Q_h^2 = 1 - \frac{S_{\text{PRESS}, h}}{S_{\text{SS}, h-1}}$$

当 $Q_h^2 \geq (1-0.95)^2 = 0.0975$ 时，或等价地

$$\frac{S_{\text{PRESS}, h}}{S_{\text{SS}, h-1}} \leq 0.95^2$$

时，认为 t_h 的引入能够明显地减少方程的预测误差，因此可以引入。

（5）获得 Y 对 X 最终模型：

经过如上计算，在经第（4）步确定取 n 个主成分的情况下，有：

$$X = t_1 p_1^T + t_2 p_2^T + \cdots + t_n p_n^T$$
$$Y = t_1 r_1^T + t_2 r_2^T + \cdots + t_n r_n^T + Y_n$$

如此则得出 Y 对 X 的最终模型系数。

（6）变量投影重要性指标（Variable Important in Projection, VIP）

变量投影重要性指标是 PLS 方法中判断单个自变量对因变量变化的贡献程度的指标，可认为是自变量对因变量变化的边际贡献的测量。其计算公式为：

$$VIP_j = \sqrt{\frac{p}{Rd(y; t_1, t_2, \cdots, t_m)} \sum_{h=1}^{m} Rd(y; t_h) W_{hj}^2}$$

其中 $Rd(y; t_h)$ 为 y 和 t_h 的相关系数的平方，

$$Rd(y; t_1, t_2, \cdots, t_m) = \sum_{h=1}^{m} Rd(y; t_h)$$

而 W_{hj} 为第 h 个成分计算过程中产生的单位特征向量 w_h，满足 $\sum_{j=1}^{m} W_{hj}^2 = 1$.

参考文献

地方志与古代文献

（明）弘治《贵州图经新志》

（明）嘉靖《贵州通志》

（明）嘉靖《普安州志》

（明）万历《贵州通志》

（清）康熙《湄潭县志》

（清）乾隆《贵州通志》

（清）乾隆《独山州志》

（清）乾隆《黔南识略》

（清）乾隆《黔西州志》

（清）嘉庆《黔西州志》

（清）道光《黔南职方志略》

（清）道光《遵义府志》

（清）道光《贵阳府志》

（清）道光《安平县志》

（清）咸丰《兴义府志》

（清）咸丰《荔波县志》

（清）同治《苗疆闻见录》

（清）光绪《荔波县志》

（清）光绪《湄潭县志》

（清）光绪《普安直隶厅志》

（民国）《修文县志稿》

（民国）《平坝县志》

（民国）《独山县志》

（民国）《兴义县志》

（民国）《贵州通志》

（民国）《石阡县志》

（民国）《威宁县志》

《石阡县志》，1992 年

《修文县志》，1998 年

《赫章县志》，2000 年

译著

［德］斐迪南・滕尼斯．2010．共同体与社会：纯粹社会学的基本概念 [M]．林荣远，译．北京：北京大学出版社．

［德］马克思．2004．资本论 [M]．中央编译局，译．北京：人民出版社．

［韩］朴振焕．2005．韩国新村运动：20 世纪 70 年代韩国农村现代化之路 [M]．潘伟光，等，译．北京：中国农业出版社．

［美］D. 盖尔・约翰逊．2005．经济发展中的农业、农村、农民问题 [M]．林毅夫，等，译．北京：商务印书馆．

［美］杜赞奇．2010．文化、权利与国家：1900-1942 年的华北农村 [M]．王福明，译．南京：江苏人民出版社．

［美］弗朗西斯・福山．2007．国家构建:21 世纪的国家治理与世界秩序 [M]．北京：中国社会科学出版社．

［美］弗里德曼．1986．资本主义与自由 [M]．张瑞玉，译．北京：商务印书馆．

［美］吉尔伯特・罗兹曼．2010．中国的现代化 [M]．南京：江苏人民出版社．

［美］克拉格．2006.新制度经济学与经济发展．克拉格．制度与经济发展：欠发达和后社会主义国家的增长与治理．余劲松，等，译．北京：法律出版社．

［美］斯蒂格利茨．1999．新的发展观：战略、政策和进程 [J]．中国国情分析研究报告，（10）．

［美］雅各布斯．2007．城市经济 [M]．项婷婷，译．北京：中信出版社．

［美］舒尔茨．论人力资本投资 [M]．吴珠华，等，译．北京：北京经济学院出版社．

［美］托马斯・哈定,等．1987．文化与进化 [M]．韩建军,商戈令,译．杭州：浙江人民出版社．

［瑞］吉贝尔・李斯特．2011．发展的迷思：一个西方信仰的历史 [M]．陆象淦，译．北京：社会科学文献出版社．

［瑞典］缪尔达尔．1992．亚洲的戏剧：对一些国家贫困问题的研究 [M]．谭力文，张卫东，译．北京：北京经济学院出版社．

［印］阿马蒂亚·森．2001．贫困与饥荒 [M]．王字，王文玉译．北京：商务印书馆．

［印］阿马蒂亚·森．2002．以自由看待发展 [M]．北京：中国人民大学出版社：85．

［英］鲍曼．2002．生活在碎片之中：论后现代的道德 [M]．郁建兴，等，译．上海：学林出版社．

［英］埃比尼泽·霍华德．2000．明日的田园城市 [M]．金经元，译．北京：商务印书馆．

［英］赫德森．2002．远方与往昔 [M]．沙铭瑶，译．天津：百花文艺出版社．

［英］马尔萨斯．2008．人口论 [M]．周进，编译．北京：北京出版社．

［英］基思·托马斯．2008．人类与自然世界：1500-1800 年间英国观念的变化 [M]．宋丽丽，译．南京：译林出版社．

［日］速水佑次郎，［美］弗农·拉坦．2000．农业发展的国际分析（修订扩充版）[M]．郭熙保，张进铭，等，译．北京：中国社会科学出版社．

外文文献

Acemoglu, D., S. Johnson, and J. Robinson 2005. Institutions as the Fundamental Cause of Long-Run Growth, in Aghion, P., and S. N. Durlauf (eds.), Handbook of Economic Growth, Volume 1, Part A. Amsterdam: Elsevier Science Publishers (North-Holland), 385-472.

Alcock, P. 1993. Understanding Poverty[M]. London: The Macmillan Press, Ltd.

Amin, A. 1999. An institutionalist perspective on regional economic development[J]. International Journal of Urban and Regional Studies, 23, (2): 365-378.

Anselin, L. 1995. Local indicators of spatial association-LISA[J]. Geographical Analysis , 27, (2): 93-115

ARE, DETEC. 2005. Spatial Development Report 2005[EB/OL]. http://www. are. admin. ch/

Atkinson, 1993. The institution of an official poverty line and economic policy[J]. Welfare State Program Paper Series, vol. 98.

Baker, J. ; Grosh, M. 1994. Measuring the Effects of Geographical

Targeting on Poverty Reduction. LSMS Working Paper No. 99[EB/OL].

Banfield, E. C. 1958. The moral basis of a backward society[M]. New York: The Free Press.

Becattini, G. 1990. The Marshallian industrial district as a socioeconomic notion[A]. Pyke et al. Industiral Districts and Inter-Firm Cooperation in Italy[C]. Geneva: International Institute for Labour Studies.

Bellandi, M. 1989. The Industrial Districts in Marshall[A]. Goodman, E. , Bamford, J. Small Firms and Industrial Districts in Italy[C]. London: Routledge.

Bird K. ; McKay, A. ; Shinyekwa. I. 2007. Isolation and Poverty: The Relationship between Spatially Differentiated Access to Goods and Services and Poverty[A]. the CPRC international workshop Understanding and Addressing Spatial Poverty Traps[C]. Stellenbosch, South Africa.

Bureau of Transportation Statistics, US Department of Transportation. 1999. Transportation Statistics Annual Report(TSAR) [N].

Burke, J. and Jayne S. 2008. Spatial Disadvantages or Spatial Poverty Traps:Household Evidence from Rural Kenya. MSU International Development Working Paper No. 93[EB/OL].

Castslls, M. 1989. The information city[M]. Oxford: Blackwell.

Castslls, M. 1996. The Rise of the Network Society [M]. Oxford: Blackwell.

Christian Körner. 2009. Global Statistics of "Mountain" and "Alpine" Research. Mountain Research and Development(MRD)

Commission on Global Governance. 1995. Our Global Neighborhood[M]. Oxford: Oxford University Press.

Douglass, M. , Friedmann, J. 1998. cities for citizens: planning and the rise of civil society in a global age[M]. Chichester: John Wiley & Son.

Doxiadis, C. 1965. Ekistics. (01)

Duara, P. 1988. Culture, Power and the State: Rural North China, 1900– 1942[M]. Stanford: Stanford University Press.

Efron, B.; Gong, G. 1983. A Leisurely Look at the Bootstrap, the Jack-knife, and Cross-validation[J]. American Statistician, (37): 36-48.

Faure, David., Liu, T.T. (eds.) 2002. Town and Country in China: Identity and Perception[M]. Palgrave MacMillan.

Fei X,, Redfield P, Yung-teh C, et al. China's gentry[M]. University of Chicago Press, 1953.

Feuchtwang, S. 1977. School-Temple and City God[A]. Skinner, G.W. The City in Late Imperial China[M]. Stanford: Stanford University Press: 581-608.

Fua, G. 1983. Rural Industrialization in Later Developed Countries: the Case of Northeast and Central Italy[J]. Banca Nazionale del Lavori Quarterly Review, 147: 351-377.

Fujita, M., Krugman, P.R., Venables, A.J. 1999. The Spatial Economy: Cities, Regions and International Trade[M]. Cambridge: MIT Press.

Gans, H. 1979. Positive Function of Poverty[J]. American Journal of Sociology, 78.

Getis A, Ord J K. 1992. The Analysis of Spatial Association by the Use of Distance Statistics[J]. Geographical Analysis, 24 (03): 189-206.

Goodchild M, Haining R. 1992. Integrating GIS and Spatial Data Analysis: Problems and Possibilities[J]. Geographical Information Systems, 6 (5): 407-423.

Goodman, E. 1989. Introduction: the Political Economy of the Small Firm in Italy[A]. Goodman, E., Bamford, J. Small Firms and Industrial Districts in Italy[M]. London: Routledge.

Grant J P. 1994. The State of the World's Children[M]. New York: UNICEF/Oxford University Press.

Granovetter, M. 1985. Economic Action and Social Structure: the Problem of Embeddedness[J]. American Journal of Sociology, 91, (03): 481-510

Griffith, D. 1984. Theory of Spatial Statistics[C]. In: Spatial Statistics and Models[A]. Boston: D. Reidel Publishing Company: 1-15.

Harris, C.D.. 1954. The Market as a Factor in the Localization of Industry in the United States[J]. Annals of the Association of American Geographers, 44 (4): 315-348.

Harrison, B. 1992. Industrial Districts: Old Wine in New Bottles?[J] Regional Studies, 26, (05) : 469-483.

Harvey, D. 1989. The Condition of Post modernity: An Enquiry into the Origins of Cultural Change[M]. Oxford: Blackwell.

Hulland, J. 1999. Use of partial least squares (PLS) in strategic management research: a review of four recent studies[J]. Strategic management journal, vol. 20, No. 2.

Jacobs J, . 1985. Cities and the wealth of nations: Principles of economic life[M]. New York: Vintage Books.

Jacobs, J. 1969. The Economy of Cities[M]. New York:Random House.

Jalan J., Ravallion M. 2002. Geographic poverty traps? A micro model of consumption growth in rural China[J]. Journal of Applied Econometrics, 17 (4) : 329-346.

Jalan, J., Ravallion, M. 1997. Spatial Poverty Traps. World Bank Policy Research Working Paper No. 1862 [EB/OL]. http://econ. worldbank. org/

Kaldor, N. 1970. The case for regional policies[J]. Scottish Journal of Political Economy, 17, (b) .

King, G., Keohane, R. O., Verba, S. 1994. Designing Social Inquiry: Scientific Inference in Qualitative Research[M]. New Jersey: Princeton University Press.

Koenig, J. 1980. Indicators of urban accessibility: theory and application[J]. Transportation, (9) : 145-172.

Krugman, P.. Protection in Developing Countries, in Dornbusch, R. (ed.), Policy making in the Open Economy : Concepts and Case Studies in Economic Performance. New York: Oxford University Press, 1993: 127-148.

Krugman, P. R. 1991. Geography and trade[M]. Cambridge: MIT Press.

Krugman, P. R., Venables, A. J. 1997. Integration, Specialization and Adjustment[J]. European Economic Review, 40: 959-968.

Levebvre, H. 1991. The Production of Space. Wiley-Blackwell.

Lewis, O. 1959. Five Families: Mexican Case Studies in the Culture of Poverty[M]. New York: Basic Books.

Lewis, O. 1966. The Culture of Poverty[J]. Scientific American, 215.

Lin, J., F. Li, Development Strategy, Viability and Economic

Distortions in Developing Countries, World Bank Policy Research Working Paper no. 4906, 2009.

Lynn, R. Stuart. 2003. Economic Development: Theory and Practice for a Divided World. N. J.: Prentice Hall.

Marshall, A. 1910. Elements of economics of industry[M]. London, MacMillan.

Marshall, A. 1930. Principle of Economics (8th ed.) [M]. London, MacMillan.

Martens, H.; Martens, M. 2000. Modified Jack-Knife Estimation of Parameter Uncertainty in Bilinear Modeling (PLSR) [J]. Food Quality and Preference, (11): 5-16.

Mote, F. W. 1997. The Transformation of Nanking, 1350-1400[M]. Stanford: Stanford University Press.

Moynihan, D.; Rainwater L.; Yancey W. 1967. The Negro family: The case for national action[M]. Cambridge, MA: MIT Press

Myrdal, G. 1957. Economic Theory and Under-developed Region[M]. London: Duckworth.

Needham J. 1965. Science and civilization in China[M]. Cambridge: Cambridge University Press.

Nelson, R. 1956. A Theory of the Low Level Equilibrium Trap[J]. American Economic Review, (46).

Nurkse R. 1967. Problems of Capital Formation in Underdeveloped Countries: And Patterns of Trade and Development[M]. Oxford University Press.

OECD. 2008. OECD Environmental Data. [EB/OL]. http://www.oecd.org/statistics/

Oppenheim. 1993. Poverty : the Facts[M]. London: Child Poverty Action Group.

Pearce, D. W., Warford, J. J.. 1993. World Without End: Economics, Environment and Sustainable Development [M]. New York: Oxford Press

Porter, M., 1990. The Competitive Advantage of Nations. New York: Free Press.

Pyke, F., Sengenberger, W. 1990. Introduction[A]. Pyke et al. Industiral

Districts and Inter-Firm Co-operation in Italy[C]. Geneva: International Institute for Labour Studies.

Ravallion, M., Wodon, Q. 1997. Poor Areas, Or Only Poor People?, World Bank Policy Research Working Paper No. 1798 [EB/OL]. http://econ.worldbank.org/

Rhodes, R. A. W. 1996. New Governance: Governance without Government[J]. Political Studies, 44 (4) : 652-667.

Rowntree B. S. 1942. Poverty and progress: a second social survey of York[M]. London: Longmans, Green.

Schultz , T. 1964. Transforming Traditional Agriculture. New Haven: Yale University Press.

Scott, A., Storper, M. 1992b. Regional development reconsidered[M]. London: Routledge.

Sen, A.. 1999. Development as Freedom[M]. Oxford: Oxford University Press.

Skinner., G. W. 1977. The City in Late Imperial China[M]. Stanford: Stanford University Press.

Soja, Edward J. 1999. In different Spaces: the Cultural Turn in Urban and Regional Political Economy[J]. European Planning Studies, 7, (01) : 65-75.

Stigelitz, Joseph. 1986. The New Development Economics. World Development 14: 257-265.

Stoker, Gerry. 1998. Governance as Theory: Five Propositions[J]. International Social Science Journal, 50, (155) : 17-28.

Storper, M., Scott, A. 1992a. Industrialization and regional development[M]. London: Routledge.

Tobler, W. 1970. A computer movie simulating urban growth in the Detroit region. Economic Geography, 46 (2) :234-240.

Todaro, M. P. 1994[1977]. Economic Development in the Third World : An Introduction to Problems and Policies in a Global, the 5th edition[M]. Longman Inc..

Townsend. 1985. A Sociological Approach to the Measurement of Poverty[J]. Oxford Economic Paper, (37) .

Townsend. 1979. Poverty in the Kingdom:a Survey of the House hold

Resource and Living Standard[M]. London: Allen Lane and Penguin Books.

UNDP. 1997. Human Development Report 1997[EB/OL]. http://www.undp.org/

UNDP. 2010. Human Development Report 2010[EB/OL]. http://www.undp.org/

UNDP. 2013. Human Development Report 2013[EB/OL]. http://www.undp.org/

Valentine, C. 1968. Culture and Poverty : Critique and Counter-Proposals[M]. Chicago: The University of Chicago Press.

Wold, S. ; Sjöströma, M. ; Eriksson, L. 2001. PLS-regression: a basic tool of chemometrics[J]. Chemometrics and Intelligent Laboratory Systems, 58, (2) .

World Bank. 1980. World Development Report 1980[EB/OL]. http://econ.worldbank.org/

World Bank. 1990. World Development Report 1990[EB/OL]. http://econ.worldbank.org/

World Bank. 1993. The East Asian Miracle: Economy Growth and Public Policy. [EB/OL]. http://econ.worldbank.org/

World Bank. 2000. Geographical targeting for poverty alleviation: methodology and applications[M]. Washington, D.C.: The World Bank.

World Bank. 2001. World Development Report 2000-2001[EB/OL]. http://econ.worldbank.org/

World Bank. 2007. More than a pretty picture: using poverty maps to design better policies and interventions[M]. Washington D.C.: The World Bank.

Zhao, Shiyu. 2002. Town and Country Representation as Seen in Temple Fairs[A]. Faure, D. , Liu, T.T. (eds.). Town and Country in China: Identity and Perception[M]. Palgrave Macmillan.

中文文献

蔡昉 . 2007. 中国流动人口问题 [M]. 北京：社会科学文献出版社 .

蔡昉 . 2008a. 刘易斯转折点——中国经济发展新阶段 [M]. 北京：社会科学出版社 .

蔡昉 . 2008b. 中国劳动与社会保障体制改革 30 年研究 [M]. 北京：经济管

理出版社.

曹锦清.2010.如何研究中国[M].上海：上海人民出版社.

曾芸.2009.二十世纪贵州屯堡农业与农村变迁研究[M].北京：中国三峡出版社.

曾梓峰.1998.扩大内需——创造城乡新风貌政策的课题与挑战[J].建筑师（台北），（10）：48-50.

柴彦威，曲华林，马玫.2008.开发区产业与空间及管理转型[M].北京：科学出版社.

陈斐，杜道生.2002.空间统计分析与GIS在区域经济分析中的应用[J].武汉大学学报·信息科学版，27（04）：391-396.

陈国阶，方一平，陈勇，等.2007.中国山区发展报告：中国山区聚落研究[M].北京：商务印书馆.

陈洁，陆锋，程昌秀.2007.可达性度量方法及应用研究进展评述[J].地理科学进展，26，（5）：100-110.

陈娟，罗宇翔，康为民，等.2007.GIS技术在提取贵州省万亩大坝边界数据中的应用[J].贵州气象，（03）：21-23.

陈全功，程蹊.2010.空间贫困及其政策含义[J].贵州社会科学，（08）：87-92.

陈淑芬.2006"台湾城乡风貌示范计划"对地方基层建设影响之研究——以新竹市为例[D].桃园：中原大学.

陈文晖.2006.不发达地区经济振兴之路[M].北京：社会科学文献出版社.

陈锡文，赵阳，陈剑波，等.2009.中国农村制度变迁60年[M].北京：人民出版社.

陈宇琳，刘佳燕.2007b.专题研究:欧洲委员会山区研究[J].国际城市规划，（03）：112-116

陈宇琳.2007.阿尔卑斯山地区的政策演变及瑞士经验评述与启示[J].国际城市规划，（06）.

陈长征.2010.唐宋地方政治体制转型研究[M].济南：山东大学出版社.

崔海洋.2009.人与稻田——贵州黎平县黄岗侗族传统生计研究[M].昆明：云南人民出版社.

戴庆中.2001.文化视野中的贫困与发展：贫困地区发展的非经济因素研究[M].贵阳：贵州人民出版社.

但文红.2011.石漠化地区人地和谐发展研究[M].北京：电子工业出版社.

党国英.2006.中国农业、农村、农民[M].北京：五洲传播出版社.

邓奕等 . 2010. "十一五"国家科技支撑课题农村公共服务设施空间配置关键技术研究分报告：日本农村基础设施与公共服务标准研究 [R]. 北京：清华大学建筑学院 .

丁声俊 . 2005. 瑞士农业补贴目标、范围与实施 [J]. 世界农业，（06）.

段庆林 . 2001. 中国农村社会保障的制度变迁 [J]. 宁夏社会科学，（01）.

方晓丘 . 1986. 瑞士纪行：瑞士经济考察报告 [M]. 福州：福建人民出版社 .

费正清，等 . 1993. 剑桥中国晚清史 [M]，北京：中国社会科学出版社，1993.

封志明，刘东，杨艳昭 . 2009. 中国交通通达度评价：从分县到分省 [J]. 地理研究，28，（02）.

高珮义 . 1990. 城市引力场论——城市化基本原理初探 [J]. 北京大学学报（哲学社会科学版），（06）：83-90.

高珮义 . 2004. 中外城市化比较研究（增订版）[M]. 天津：南开大学出版社 .

顾朝林，沈建法，姚鑫，等 . 2003. 城市管治——概念、理念、方法、实证 [M]. 南京：东南大学出版社 .

顾朝林，于涛方，李王鸣，等 . 2008. 中国城市化：格局·过程·机理 [M]. 北京：科学出版社 .

关信平 . 1998. 中国城市贫困问题研究 [M]. 长沙：湖南人民出版社：88.

贵州省高等学校人文社会科学基地，贵州财经大学欠发达地区经济发展研究中心 . 2009. 欠发达地区经济发展研究（一）[M]. 北京：中国经济出版社 .

贵州省高等学校人文社会科学基地，贵州财经大学欠发达地区经济发展研究中心 . 2011. 欠发达地区经济发展研究（二）：走向未来的贵州产业结构 [M]. 北京：中国经济出版社 .

贵州省高等学校人文社会科学基地，贵州财经大学欠发达地区经济发展研究中心 . 2012. 欠发达地区经济发展研究（三）[M]. 北京：中国经济出版社 .

贵州省国土资源厅 . 2008. 贵州省农用地分等地图集 [M]. 西安：西安地图出版社 .

贵州省林业厅 . 2012. 贵州省石漠化状况公报 [EB/OL]. 贵州省林业厅网站，http：//www.gzforestry.gov.cn，2012-06-28.

贵州省人民政府第二次全国经济普查领导小组办公室 . 2011. 贵州经济普查年鉴 2008[M]. 北京：中国城市出版社 .

贵州省统计局，国家统计局贵州调查总队，贵州省扶贫开发办公室 . 2006. 2000-2005 贵州农村贫困监测报告 [M]. 贵州：贵州人民出版社 .

贵州师范大学地理研究所，贵州省农业资源区划办公室 . 2000.

贵州省地表自然形态信息数据量测研究 [M]. 贵阳：贵州科技出版社.

郭琼莹. 台湾的另一波无形空间革命——城乡风貌改造运动的意义与效益 [J]. 中国园林，2010，（05）：71-79.

国家人口和计划生育委员会流动人口服务管理司. 2011. 中国流动人口报告 2011[M]. 北京：中国人口出版社，2011.

国家统计局. 2012. 2011 年我国农民工调查监测报告 [EB/OL]. 国家统计局网站，http：//www.stats.gov.cn/tjfx/fxbg/t20120427_402801903.htm.2012-04-27.

国家统计局《中国城镇居民贫困问题研究》课题组. 1991. 中国城镇居民贫困问题研究 [J]. 统计研究，（03）：12.

国家统计局农调总队. 1993. 中国农村统计年鉴 [M]. 北京：中国统计出版社.

国务院. 2012. 国务院关于进一步促进贵州经济社会又好又快发展的若干意见 [Z].http：//www.gov.cn/zwgk/2012-01/16/content_2045519.htm，2012-01-16.

国务院发展研究中心课题组. 2010. 中国城镇化前景、战略与政策 [M]. 北京：中国发展出版社.

国务院扶贫办. 2006. 《中国农村扶贫开发纲要（2001－2010 年）》中期评估政策报告 [EB/OL].http：//www.cpad.gov.cn.

国务院农民工办课题组. 2009. 中国农民工问题前瞻性研究 [M]. 北京：中国劳动社会保障出版社.

韩建民，赵永平. 2007. 中国经济增长中的农村贫困问题探讨 [J]. 农业现代化研究，（02）.

韩劲. 2006. 走出贫困循环：中国贫困山区可持续发展理论与对策 [M]. 北京：中国经济出版社.

韩俊. 2009. 中国农民工战略问题研究 [M]. 上海：上海远东出版社.

韩昭庆. 2006. 雍正王朝在贵州的开发对贵州石漠化的影响 [J]. 复旦学报（社会科学版），（03）.

何朝晖. 2006. 明代县政研究 [M]. 北京：北京大学出版社.

何积全. 1999. 苗族文化研究 [M]. 贵阳：贵州人民出版社.

何林福. 1994. 论中国地方八景的起源、发展和旅游文化开发 [J]. 地理学与国土研究，（02）：56-60.

何念如，吴煜. 2007. 中国当代城市化理论研究 [M]. 上海：上海人民出版社.

贺雪峰，董磊明，陈柏峰. 2007. 乡村治理研究的现状与前瞻 [J]. 学习与实践，（08）：116-126.

贺雪峰，袁松，宋丽娜，等 . 2010. 农民工返乡研究——以 2008 年金融危机对农民工返乡的影响为例 [M]. 济南：山东人民出版社 .

贺雪峰 . 2008. 什么农村，什么问题 [M]. 北京：法律出版社 .

贺雪峰 . 村庄精英与社区记忆：理解村庄性质的二维框架 [J]. 社会科学辑刊，2000，（4）.

洪战辉 . 2003. 论中国城市社会权利的贫困 [J]. 江苏社会科学，（02）：42.

胡鞍钢，李春波 . 2001. 新世纪的新贫困：知识贫困 [J]. 中国社会科学，（03）.

胡鞍钢，王绍光，康晓光 . 1995. 中国地区差距报告 [M]. 沈阳：辽宁人民出版社 .

胡鞍钢，王绍光 . 2000. 政府与市场 [M]. 北京：中国计划出版社 .

胡鞍钢 . 2008. 中国减贫之路：从贫困大国到小康社会（1949-2020）[J]. 国情报告，（29）.

黄凤祝 . 2009. 城市与社会 [M]. 上海：同济大学出版社 .

黄泰岩，王检贵 . 2001. 工业化新阶段农业基础性地位的转变 [J]. 中国社会科学，（03）：47-55.

黄宗智 . 1986[2000]. 华北的小农经济与社会变迁 [M]. 北京：中华书局 .

黄宗智 . 1992[2000]. 长江三角洲的小农家庭与乡村发展 [M]. 北京：中华书局 .

黄宗智 . 2010. 中国的隐性农业革命 [M]. 北京：法律出版社 .

简逢敏，许健 . 2002. 瑞士联邦及北欧三国城市规划考察与思考 [J]. 上海城市规划，（02）：35-38.

简新华，黄锟，等 . 2008. 中国工业化和城市化过程中的农民工问题研究 [M]. 北京：人民出版社 .

姜雅 . 2009. 日本国土规划的历史沿革及启示 [J]. 国土资源情报，（12）：2-6.

金经元 . 2010. 我为何难以接受远方的盛情邀请 [J]. 城市规划，（11）.

康晓光 . 1995. 中国贫困与反贫困理论 [M]. 南宁：广西人民出版社：8-9.

黎洪 . 1999. 贵州—瑞士的地理对比分析与贵州经济发展希望 [J]. 贵州师范大学学报（自然科学版），17，（02）.

李德瑞 . 2012. 学术与时势：1990 年代以来中国乡村政治研究的"再研究"[M]. 北京：社会科学文献出版社 .

李海鹏，张彩千，王新波 . 2009. 关于贵州省农村危房改造情况的调研报告 [J]. 经济研究参考，（57）：42-47.

李航飞，汤小华，魏文佳 . 2007. 福建省县域经济差异成因空间统计分析 [J]. 杭州师范学院学报（自然科学版），（04）.

李锦平 . 2005. 论旅游开发对民族原生态文化的负面影响 [A] // 贵州世居民族研究中心, 贵州省民族研究会编 . 民族文化保护与旅游开发 [M]. 贵阳：贵州科技出版社：59-61.

李苗 . 2012. 县域城镇化问题研究 [M]. 北京：经济科学出版社 .

李强 . 1989. 论贫困的文化 [J]. 高校社会科学, （04）：45-56.

李强 . 1997. 中国扶贫之路 [M]. 昆明：云南人民出版社 .

李小山 . 2002. 欠发达地区的战略选择 [J]. 老区建设, （02）：30-31.

李旭东, 张善余 . 2007. 贵州喀斯特高原人口分布的自然环境因素：I 主要影响因素研究 [J]. 干旱区研究, （01）.

李旭东 . 2007. 贵州喀斯特高原人口分布的自然环境因素：II 多元回归分析与地带性研究 [J]. 干旱区研究, （02）.

李永展, 范淑敏 . 2004. 台湾城乡风貌改造运动之研究——调节理论观点的检视 [J]. 建筑与规划学报, （12）：132-148.

李永展 . 2003. 城乡风貌改造之回顾与前瞻 [J]. 建筑师（台北）, （08）：116-119.

李芝兰, 吴理财 . 2005. "倒逼"还是"反倒逼"——农村税费改革前后中央与地方之间的互动 [J]. 社会学研究, （04）.

栗战书 . 2011. 积极探索有贵州特色的城镇化路子 [J]. 当代贵州, （05）.

梁柠欣 . 2008. 贫困研究新范式的建构与中国城市贫困研究的新视角 [J]. 广东社会科学, （06）.

林丙申 . 2005. 小区聚落历史与生活产业再生——小区规划师工作全记录 [J]. 建筑师（台北）, （05）：98-101 .

林毅夫 . 2010. 新结构经济学——重构发展经济学的框架 [J]. 经济学（季刊）, Vol.10, No.1：1-32.

刘传明, 曾菊新 . 2011. 县域综合交通可达性测度及其与经济发展水平的关系——对湖北省 79 个县域的定量分析 [J]. 地理研究, 30, （12）.

刘海隆, 包安明, 陈曦, 等 . 2008. 新疆交通可达性对区域经济的影响分析 [J]. 地理学报, 63, （04）.

刘进宝, 王艳华, 刘娟, 等 . 2009. 中国欠发达地区贫困现状及扶贫对策分析 [J]. 北京林业大学学报（社会科学版）, 8, （04）：164-168.

刘进宝, 王艳华, 刘娟 . 2008. 中国欠发达地区农村经济现状研究 [J]. 河北北方学院学报, 24, （05）：46-49.

刘居立 . 2005. 台湾城乡风貌空间改造运动之研究——以台南县为例 [D]. 台南：成功大学 .

刘流.2008.贵州农村公共产品供给对缓解贫困的影响研究[D].贵阳:贵州大学.

刘筱,闫小培.2003.以人为本:迈向21世纪的广州城市管治[A]//顾朝林,等.城市管治——概念、理念、方法、实证[M].南京:东南大学出版社.

卢云辉.2009.贵州少数民族地区小城镇建设问题研究[A].贵州省软科学研究论文选编(2005-2008).

鲁凤,徐建华.2007.中国区域经济差异的空间统计分析[J].华东师范大学学报(自然科学版),(02).

陆杰华.1999.人力资源开发与缓解贫困[M].北京:中国人口出版社.

陆学艺,等.2002.当代中国社会阶层研究报告[M].北京:社会科学文献出版社.

罗康智,罗康隆.2009.传统文化中的生计策略:以侗族为个案[M].北京:民族出版社.

罗康智,王继红.2008.明史·贵州地理志考释[M].贵阳:贵州人民出版社.

罗小龙,张京祥.2001.管治理念与中国城市规划的公众参与[J].城市规划汇刊,(02):59-62.

罗仲平.2006.欠发达地区县域经济发展的路径思考[J].天府新论,(01):50-53.

马良灿.2007.贫困解释的两个维度:权利与排斥[J].贵州社会科学,(01).

马荣华,蒲英霞,马晓冬.2007.GIS空间关联模式发现[M].北京:科学出版社.

孟令勇,韩祥铭.2010.县域城市首位度及其城镇体系等级规模结构分析[J].小城镇建设,(06):77-81.

苗长虹.2004.马歇尔产业区理论的复兴及其理论意义[J].地域研究与开发,23,(01):2-6.

莫泰基.1993.香港贫困与社会保障[M].香港:中华书局.

聂华林,李泉,等.2010.中国西部三农问题通论[M].北京:中国社会科学出版社.

聂华林,张贡生,李泉,等.2006.中国西部三农问题报告[M].北京:中国社会科学出版社.

牛津简明社会学辞典:第一版[M].北京:商务印书馆,1992.

潘维.2005.农民与市场:中国基层政权与乡镇企业[M].北京:商务印书馆.

彭贤伟.2003.贵州喀斯特少数民族地区区域贫困机制研究[J].贵州民族研究,(04).

彭玉生.2012.社会科学中的因果分析 [J].社会学研究,（03）.

蒲坚.2006.中国历代土地资源法制研究 [M].北京：北京大学出版社.

钱陈,史晋川.2006.城市化、结构变动与农业发展——基于城乡两部门的动态一般均衡分析 [J].经济学（季刊）,6,（01）:58-74

秦红增.2012.乡土变迁与重塑：文化农民与民族地区和谐乡村建设研究 [M].北京：商务印书馆.

瞿同祖.2003 [1962].清代地方政府 [M].范忠信,等,译.北京:法律出版社.

全国妇联课题组.2009.全国农村留守儿童状况研究报告 [A]// 国务院农民工办课题组.中国农民工问题前瞻性研究 [M].北京：中国劳动社会保障出版社:503-543.

任家强,董琳瑛,汪景宽,等.2010.基于空间统计分析的辽宁省县域经济空间差异研究 [J].经济地理,（09）.

荣敬本,崔之元,等.1998.从压力型体制向民主合作体制的转变：县乡两级政治体制改革 [M].北京：中央编译出版社.

宋亚平.2010.出路：一个区委书记的县政考察笔记 [M].北京：中国社会科学出版社.

苏维词,张贵平.2012.地表起伏对区域发展成本影响浅析——以贵州为例 [J].经济研究导刊,（06）.

苏维词.2000.贵州喀斯特山区生态环境脆弱性及其生态整治 [J].中国环境科学,（06）.

孙春强.2011.瑞士空间规划与启示 [J].国土规划,（09）:5-10,31.

台湾地区内政主管部门.城镇地貌改造——创造台湾城乡风貌示范计划（第二期计划）[Z].2005.

台湾地区内政主管部门.2002.创造台湾城乡风貌操作手册 [M].台北：内政主管部门营建署.

台湾地区内政主管部门.2001.创造台湾城乡风貌示范计划 [Z].

台湾地区内政主管部门.2008.台湾城乡风貌整体规划示范计划第三期.[Z].

谭景玉.2010.宋代乡村组织研究 [M].济南：山东大学出版社.

汤正仁.2012.区域产业发展、城镇化与就业：基于贵州的实践 [M].成都：西南交通大学出版社.

童星,林闽钢.1994.我国农村贫困标准线研究 [J].中国社会科学,（03）.

万晓琼.2004.欠发达地区发展壮大县域经济的思考 [J].求是,（08）.

汪民安.2006.空间生产的政治经济学 [J].国外理论动态,（01）.

汪志球,黄娴.2012.三探贵州农村危房改造 [N].人民日报,2012-06-03(7).

王爱清.2010.秦汉乡里控制研究 [M].济南:山东大学出版社.

王本壮.2005.公众参与小区总体营造相关计划执行之行动研究——以苗栗县推动小区规划师运作模式为例 [J].公共行政学报,(12):1-35.

王秉安.2007.县域经济发展战略 [M].北京:社会科学文献出版社.

王大伟.2012.城乡关系视角下农村土地制度变迁绩效 [M].北京:商务印书馆.

王飞跃.公共政策与民族地区城乡统筹发展对策研究——以贵州省为例 [M].北京:经济科学出版社.

王华.2009.台商对大陆投资区位选择的影响因素分析——基于偏最小二乘回归方法的最新考证 [J].台湾研究集刊,(01).

王慧文.1999.偏最小二乘回归方法及其应用 [M].北京:国防工业出版社.

王金凤,李平,马翠萍,梁星.2012.瑞士山区发展策略对我国的启示 [J].现代经济探讨,(04):76-79.

王俊文.2010.当代中国农村贫困与反贫困问题研究 [M].长沙:湖南师范大学出版社:37.

王雷,李丛丛,应清,等.2012.中国 1990~2010 年城市扩张卫星遥感制图 [M].科学通报,57,(16):1388-1399.

王磊,赵大新,苏鸿,等.2000.大开发:世界各国开发落后地区实录 [M].北京:北京图书馆出版社.

王文圣,丁晶,赵玉龙,等.2003.基于偏最小二乘回归的年用电量预测研究 [J].中国电机工程学报,vol.23,No.10.

王小强,白南风.1986.富饶的贫困——中国落后地区的经济考察 [M].成都:四川人民出版社.

王永平,袁家榆,曾凡勤,等.2008.欠发达地区易地搬迁扶贫面临的问题与对策探讨——从贵州扶贫主题调研引发的思考 [J].特区经济,(01).

王永平,袁家榆,曾凡勤.2008.趋势·调整与对策:欠发达地区农村反贫困的实践与探索 [M].北京:中国农业出版社.

王育春.2007.贵州发展城镇建设探析 [J].贵阳市委党校学报,(04).

温春来.2008.从"异域"到"旧疆":宋至清贵州西北部地区的制度、开发与认同 [M].北京:生活·读书·新知三联书店.

温家宝.2012.中国农业和农村的发展道路 [J].求是,(02).

温铁军.2000.中国农村基本经济制度研究:"三农"问题的世纪反思 [M].北京:中国经济出版社.

温铁军.2009."三农"问题与制度变迁 [M].北京:中国经济出版社.

温铁军.2010.中国新农村建设报告[M].福州：福建人民出版社.

吴彩虹.2008."四在农家"：欠发达地区建设社会主义新农村探索[M].北京：中国农业出版社.

吴国宝.2000.2000年后农村扶贫要解决什么问题[J].瞭望,（14）.

吴佳,张京祥.2006.治理变革视野中的中国城市规划转型[J].城市发展研究,13,（02）：64-68.

吴理财.2001.论贫困文化[J].社会,（08,09）.

吴理财.2001.农村税费改革与"乡政"角色的转换[J].经济社会体制比较,（05）.

吴理财.2011.县乡关系:问题与调适——咸安的表述(1949-2009)[M].北京：中国社会科学出版社.

吴良镛,吴唯佳.2008.中国特色城市化道路的探索与建议[J].城市与区域规划研究,（02）.

吴良镛.1988.城市规划设计论文集[M].北京：燕山出版社.

吴良镛.1997."人居二"与人居环境科学[J].城市规划,（03）：4-9.

吴良镛.1999.北京宪章[J].时代建筑,（03）：88-91.

吴良镛.2001.人居环境科学导论[M].北京：中国建筑工业出版社.

吴良镛.2009.中国城乡发展模式转型的思考[M].北京：清华大学出版社.

吴良镛.2010.人居环境科学发展趋势论[A]// 顾朝林编,城市与区域规划研究,vol.3,no.3[M].北京：商务印书馆.

吴良镛.2012.学术前沿议人居[J].城市规划,（05）.

吴玉鸣,徐建华.2004.中国区域经济增长集聚的空间统计分析[J].地理科学,（06）.

吴元.2004.瑞士政府如何支持和鼓励旅游业[N].中国旅游报,2004-6-4.

吴泽霖,陈国钧,等.2004.贵州苗夷社会研究[M].北京：民族出版社.

武廷海,杨保军,张城国.2011.中国新城:1979-2009[J].城市与区域规划,4,（02）.

项继权.2002.集体经济背景下的乡村治理——南街、向高和方家泉村村治实证研究[M].武汉：华中师范大学出版社.

肖根如,程朋根,潘海燕,等.2006.基于空间统计分析与GIS研究江西省县域经济[J].东华理工学院学报,（04）.

肖先治.1999.重视对不发达地区小城镇的研究——从贵州看不发达地区的小城镇建设与城乡关系[J].贵州民族学院学报（社会科学版）,（01）.

熊滨,刘桂莉.2004.我国城市贫困阶层的形成及其制度性、政策性分析[J].

江西社会科学,（02）.

熊吉峰.2005.基于偏最小二乘回归分析的农民收入影响因素研究[J].统计与信息论坛,vol.20,no,4.

熊耀平.2001.县域经济发展理论、模式与战略[M].长沙：国防科技大学出版社.

徐勇.2009.现代国家乡土社会与制度建构[M].北京：中国物资出版社.

薛宝生.2006.公共管理视域中的发展与贫困免除[M].北京：中国经济出版社.

薛毅.2008.西方都市文化研究读本[M].桂林：广西师范大学出版社.

杨军昌,杨益华,等.2002.略论贵州农村的贫困与反贫困问题[J].农村经济,（10）.

杨立雄.2006.贫困理论范式的转向与美国福利制度改革[J].美国研究,（02）.

杨团.2004.社会政策研究范式的演化及其启示[M].中国社会科学,（04）：127-139.

杨雪冬.2009.压力型体制十年：一个简明的概念史[A].复旦大学选举与人大制度研究中心.基层民主与乡镇党政领导人选举学术研讨会交流论文集[C].

杨育军.2004.可达性评价的比较研究与应用[D].上海：同济大学：17-32.

姚永康.2010.加快转变县域经济发展方式研究[M].南京：江苏大学出版社.

叶初升,罗连发.2011.社会资本、扶贫政策与贫困家庭福利——基于贵州贫困地区农村家户调查的分层线性回归分析[J].财经科学,（07）.

叶齐茂.2008.发达国家乡村建设考察与政策研究[M].北京：中国建筑工业出版社.

殷洁,罗小龙.2012.资本、权力与空间:"空间的生产"解析[J].人文地理,（02）.

于建嵘,等.2007.中国农民问题研究资料汇编[M].北京:中国农业出版社.

于建嵘.2002.民主制度与中国乡土社会——转型期中国农村政治结构变迁的实证性评价[A]//徐勇.中国农村研究（2001年卷）[M].北京：中国社会科学出版社.

于建嵘.2011.底层立场[M].上海：上海三联书店.

袁媛,吴缚龙,许学强.2009.转型期中国城市贫困和剥夺的空间模式[J].地理学报,（06）.

袁媛,许学强.2007.国外城市贫困阶层聚居区研究述评及借鉴[J].城市问题，（02）.

詹宏伟，苏瑛敏 . 2008. 台北县城乡风貌推动历程之研究 [J]. 第五届台湾建筑论坛会议论文 .

张丹，闵庆文 . 2011. 一种生态农业的样板——稻鱼鸭复合系统 [J]. 世界环境，（01）：26-28.

张京祥，庄林德 . 2003. 管治及城市与区域管治：一种新制度性规划理念 [A] // 顾朝林，等 . 城市管治——概念、理念、方法、实证 [M]. 南京：东南大学出版社 .

张美涛 . 2008. 对贵州农村扶贫工作的分析与思考 [J]. 贵州社会科学，（08）.

张能，武廷海，林文棋 . 2011. 农村规划中的公共服务设施有效配置研究 [A] // 转型与重构——2011 中国城市规划年会论文集 [C].

张培刚 . 2002 [1949]. 农业与工业化（上卷）——农业国工业化问题初探 [M]. 湖北：华中科技大学出版社 .

张勤 . 2006. 事权明晰主体明确责任落实——瑞士城乡规划体系的启示 [J]. 国外城市规划，21，（3）：6-9.

张巍 . 2008. 中国农村反贫困制度变迁研究 [M]. 北京：中国政法大学出版社 .

张晓旭，冯宗宪 . 2008. 中国人均 GDP 的空间相关与地区收敛：1978-2003 [J]. 经济学（季刊），7，（02）：399-413.

张新伟 . 1998. 反贫困进程中的博弈现象与贫困陷阱分析 [J]. 中国农村经济，（09）.

张岩松 . 2005. 我国财政支持"三农"政策 [EB/OL]. 中华人民共和国财政部网站，http：//www.mof.gov.cn

张英魁，等 . 2008. 重视乡村精英在新农村建设中的作用 [N]. 光明日报，2008-01-26（8）.

张遵东，章立峰 . 2011. 贵州民族地区乡村旅游扶贫对农民收入的影响研究——以雷山县西江苗寨为例 [J]. 贵州民族研究，（06）.

赵国如 . 2003. 县域经济的发展理念与思路——欠发达地区县域经济发展若干问题探讨 [J]. 重庆大学学报（社会科学版），（02）.

赵夏 . 2006. 我国的"八景"传统及其文化意义 [J]. 规划师，（12）：89-91.

赵焰 . 2004. 瑞士经济社会发展给我们的启示 [J]. 当代贵州，（02）.

赵勇军 . 2013. 向绝对贫困发起总攻 [N]. 贵州日报，2013-01-13.

郑丽萧 . 2004. 中国贫困阶层：问题、影响与对策 [J]. 南昌大学学报（人文社会科学版），（02）.

中共中央国务院关于"三农"工作的一号文件汇编 [M]. 北京：人民出版社，2010.

周彬彬 . 1991. 向贫困宣战——国外缓解贫困的理论与实践 [M]. 北京：人民出版社 .

周雪光 . 2008. 基层政府间的"共谋现象"——一个政府行为的制度逻辑 [J]. 社会学研究，（06）.

周怡 . 2002. 贫困研究：结构解释与文化解释的对垒 [J]. 社会学研究（03）.

周振鹤 . 2005. 中国地方行政制度史 [M]. 上海：上海人民出版社 .

周政贤 . 1987. 茂兰喀斯特森林科学考察集 [M]. 贵阳：贵州人民出版社 .

周政旭 . 2008. 西部农村村民外迁居住状况调研与思考——以贵州中部三村为例 [J]. 小城镇建设，（08）.

周政旭 . 2011. 县域"村—镇—城"居住模式调研与分析 [J]. 小城镇建设，（07）.

周政旭 . 2012a. 旅游先导发展与民族文化自觉——贵州少数民族村落保护发展思考 [J]. 小城镇建设，（02）.

周政旭 . 2012b. 一个西南山村的"新农村建设"追踪调查与成效分析 [J]. 小城镇建设，（04）.

周政旭 . 2012c. "石门坎现象"的社区空间营建考察 [J]. 住区，（02）.

周政旭 . 2012d. 贵州少数民族聚落与建筑研究综述 [J]. 广西民族大学学报（哲学社会科学版），（04）：74-80.

朱凤岐，高天虹 . 1996. 中国反贫困研究 [M]. 北京：中国计划出版社 .

朱玲 . 1996. 制度安排在扶贫计划实施中的作用——云南少数民族地区扶贫攻坚战考察 [J]. 经济研究，（04）.

朱农 . 2005. 中国劳动力流动与"三农"问题 [M]. 武汉：武汉大学出版社 .

住房和城乡建设部城乡规划司，中国城市规划设计研究院 . 2010. 全国城镇体系规划（2006-2020 年）[M]. 北京：商务印书馆 .

邹再进 . 2006. 欠发达地区区域创新论——以青海省为例 [M]. 北京：经济科学出版社 .

后　记

　　本书是根据笔者在吴良镛先生指导下完成的博士论文加以完善而成。本书的完成尤其要感谢导师吴良镛先生，自进入先生门下并选定"县域单元的农村基层治理"研究方向以来，从选题到调研到写作过程，先生每每悉心指导，倾注大量心血。先生的言传身教，无论是治学的严谨追求、还是对我国城乡建设的高度责任感，都深深感动并影响着我，并将使我终身受益。

　　在调研过程中，特别要感谢当时贵州省人民政府的主要领导，在他的支持下，论文能够充分调研贵州案例，为深入研究提供了最坚实的基础。感谢省政府办公厅的赵建军、邓谦，省住房和城乡建设厅的毛家荣、何治强，修文县汤建祥、陈明华、文清超、王远华，赫章县刘治军、周前勇，黔西县蒋兴远、王嘉，平坝县刘一飞，兴义市吴波、刘建津、罗国浩、蒋顺阳，盘县刘昭，遵义县罗群昌、袁晓东，湄潭县向辉、付强、罗人忠，荔波县陆苏楠，独山县李浩、骆荣凯，石阡县龙晓成、李星、任永刚，雷山县王明晖、余大成等诸多同志提供的帮助。感谢在调研过程中接受我访谈、指教于我的每一个人，你们的名单列出将是很长的一列。感谢我的朋友肖重远、赵明波、杨笛、李文旭，在你们陪伴下，这一艰难但富于收获的调研才得以完成。

　　感谢"中国古代人居史"研究小组的武廷海老师与王树声老师，在小组研究过程中，你们带领着在几乎全新的领域中探索发现，帮助我形成基本的学术思维。感谢研究所的毛其智、左川、吴唯佳、党安荣、刘健、张悦、于涛方、黄鹤、王英，以及学院的朱文一、边兰春、单军、王路、邵磊、刘海龙、王辉诸位老师。在博士就读与研究期间，各位老师的指导与帮助使我获益不少。尤其是毛其智、吴唯佳老师，在论文写作过程中多有请教，每每打扰，都得到了老师们的悉心指教，多有收获。

　　感谢陈宇琳、李孟颖、孙诗萌、袁琳、郭璐等同门学友，过去数年中，感谢你们对我的支持与帮助。感谢北京大学的邓剑、孙喆，感谢清华大学公共管理学院的韩瑶，感谢清华大学建筑学院的兰俊、傅强、黄天航、李煜、郭婧等同学，与你们的讨论很大地帮助我扩展思路，你们的建议和帮助为这篇论文增色不少。

　　成书过程中，感谢中国建筑工业出版社的徐晓飞主任与张明编辑，你们在成书过程中的细致与耐心，使原本并不十分成熟的本书达到了出版水平。

　　感谢我的家人，感谢你们的支持、理解与帮助。特别感谢我的爱人胡莉，没有你的陪伴，这份长达数年的征程定会愈加艰难。